Introductory Course to Excel for Practical Business.

Excel

[実践ビジネス入門講座]

完全版

日々の作業効率を劇的に改善する
基本操作+時短ワザ+活用テク

Excel 2019／2016／2013／Office 365 対応

土屋和人 著

JN206632

SB Creative

■ サンプルのダウンロード

本書で解説している Excel 表の一部は、以下のサポートページよりダウンロードできます。解説している機能の操作確認などにご活用ください。

本書サポートページ　https://isbn.sbcr.jp/99103/

■ 本書の対応バージョン

本書は Excel 2019/2016/2013/Office 365 に対応しています。ただし、記載内容には一部、全バージョンに対応していないものもあります。また、本書では主に Windows 版の Excel 2019 の画面を用いて解説しています。そのため、ご利用の Excel や OS のバージョン・種類によっては項目の位置などに若干の差異がある場合があります。ご注意ください。

■ 本書に関するお問い合わせ

この度は小社書籍をご購入いただき誠にありがとうございます。小社では本書の内容に関するご質問を受け付けております。本書を読み進めていただきます中でご不明な箇所がございましたらお問い合わせください。なお、ご質問の前に小社 Web サイトで「正誤表」をご確認ください。最新の正誤情報を上記のサポートページに掲載しております。上記ページの「正誤情報」のリンクをクリックしてください。なお、正誤情報がない場合、リンクをクリックすることはできません。

■ ご質問送付先

ご質問については下記のいずれかの方法をご利用ください。

Web ページより

上記のサポートページ内にある「この商品に関する問い合わせはこちら」をクリックすると、メールフォームが開きます。要綱に従って質問内容を記入の上、送信ボタンを押してください。

郵送

郵送の場合は下記までお願いいたします。

〒 106-0032
東京都港区六本木 2-4-5
SB クリエイティブ　読者サポート係

■本書内に記載されている会社名、商品名、製品名などは一般に各社の登録商標または商標です。本書中では®、™マークは明記しておりません。

■本書の出版にあたっては正確な記述に努めましたが、本書の内容に基づく運用結果について、著者およびSBクリエイティブ株式会社は一切の責任を負いかねますのでご了承ください。

©2019 Kazuhito Tsuchiya　本書の内容は著作権法上の保護を受けています。著作権者・出版権者の文書による許諾を得ずに、本書の一部または全部を無断で複写・複製・転載することは禁じられております。

はじめに | Introduction

　Excelは今や、職種や業種にかかわらず、多くのビジネスパーソンにとって必須の基本スキルとなっています。「Excelを使える」のはもはや当たり前で、今求められているのは「どれだけ使いこなせるか」です。Excelを使いこなし、より正確に、より効率よく作業することが必要です。

　Excelでは、ある機能を実行する方法が複数種類用意されていることも珍しくありません。たとえば「セルのデータをコピーする」という操作を実行することを想像してみてください。リボンの［コピー］と［貼り付け］のボタンをクリックする、という方法は多くの人が最初に思いつく操作の1つではないでしょうか。他にも、［コピー］や［貼り付け］のショートカットキーを利用する方法も有効です。さらに、一見別の機能である「オートフィル」や「フィル」などを使って、同様の結果を得ることもできます。

　実際の作業では、必ずしもすべての機能を使用する必要性はありませんが、上記のように、複数の操作方法があることを把握しておけば、そのときどきの状況に応じて、「最適な操作方法」を選ぶことができます。操作手順を適切な方法に変えるだけで、作業効率が何十倍も改善することが多々あります。

　これは、上記のようなシンプルな操作だけでなく、より複雑な作業についても同様です。これまで手作業で丸一日かかっていた業務が、Excelに用意された便利な機能を活用することで、わずか数分で完了してしまった、といったことも十分にあり得ます。

　本書では、Excelの基本的な機能から、作業をより効率的に実行するための応用的な機能まで、具体的なテクニックを数多く紹介しています。これからExcelをはじめて操作する初心者の人にはぜひ読んでほしいですし、すでにある程度Excelを活用している人にも読んでいただけると嬉しいです。本書を通して、これまでとはまったく違ったアプローチで、自分の作業を効率化するためのヒントが見つかるかもしれません。さらに、こうしたさまざまなスキルを身に付けることで、「基本技能」の枠を超えて、Excelを、ビジネスの実戦を勝ち抜いていくための強力な武器とすることができるはずです。

　最後になりましたが、本書執筆の機会をいただき、かつ原稿が遅れて多大なご迷惑をおかけしたSBクリエイティブ株式会社の岡本晋吾さんに、改めてお礼とお詫びを申し上げます。

土屋 和人

本書の使い方

本書では、Excelの基本的な使い方から、効率よくデータを入力する方法、Excelを使いこなすうえで必修のプロ技、作業効率を劇的に改善できる時短ワザ、実践的なデータ分析の手法、よりよい表デザインの作り方など、すぐに役立つExcelの使い方を、とにかく丁寧に解説しています。

紙面の構成

項目タイトル
目的別に構成されているため、知りたいことから操作方法を探すことができます。操作内容は章ごとに分類されています。

操作手順
具体的な操作内容の説明です。番号順に操作してください。

HINT
操作内容に関する補足です。操作に迷ったり、実行結果で気になる点がある際はチェックしてください。

Memo
項目内容や操作手順全般に関する追加情報です。操作内容をより深く理解することができます。

サンプルのダウンロード

本書は Excel 2019/2016/2013/Office 365 に対応しています。また、本書掲載の Excel シートは、以下の URL からダウンロードできます。操作確認などにご利用ください。

https://isbn.sbcr.jp/99103/

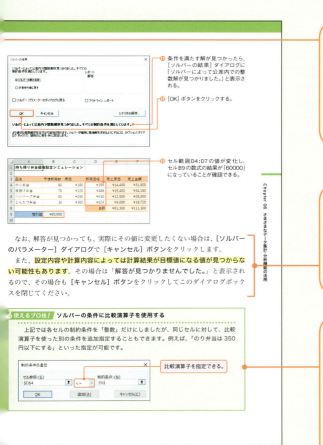

サンプルデータ

本書掲載の Excel シートは、上記の本書サポートサイトからダウンロードできます。学習の際にぜひ活用してください。

解説文

操作内容について、詳しく解説しています。特に重要な箇所は黄色マーカーで表しています。

使えるプロ技！

ワンランク上の便利な使い方や、応用例、活用方法など、Excel の各機能をより深く理解し、使いこなす際に役立つ情報を記載しています。本文の操作手順を一通り理解できたら、ぜひ挑戦してみてください。

Contents

目次

本書の読み方 ·· 4

Chapter 01　最初に身につけておくべき基礎知識　　　17

01	Excel 作業を効率化しよう！ ··	18
02	Excel を瞬時に起動する方法 ··	20
	使えるプロ技！ タスクバーに Excel を常時表示させるもう 1 つの方法 ·············	22
	使えるプロ技！ 「最近使ったブックの一覧」を削除する方法 ··························	23
03	Excel の画面構成を正しく理解する ··	24
04	データの種類を理解する ···	29
05	定数と数式の違いを理解する ··	30
06	複数のブックで作業する ···	33
	使えるプロ技！ キー操作ですばやく新規ブックを作成する ····························	33
07	ブックを正しく保存する ···	35
08	テンプレートからブックを作成する ···	37
09	作業効率化を実現する 2 つの方法 ··	40
	使えるプロ技！ アクセスキーで作業効率を劇的に改善できる ························	41
10	失敗した操作を取り消す／取り消した操作を再実行する ··························	42
11	エラーの内容を理解する ···	44
12	トラブルに適切に対処する方法 ··	46
	使えるプロ技！ 操作アシスト機能を活用する ···	46

Chapter 02 すぐに役立つ！データ入力・編集のプロ技　　49

- **01** 右側のセルに入力する ……… 50
  - *使えるプロ技!* セルの移動方向を変更する方法 ……… 50
- **02** 入力範囲を決めて、効率よく入力する ……… 51
- **03** セルをすばやく編集状態にする ……… 52
  - *使えるプロ技!* セルの移動方法 ……… 52
- **04** セル範囲に同じデータを一括入力する ……… 53
- **05** セル内で改行する ……… 54
  - *使えるプロ技!* 文字をセル幅に合わせて縮小する ……… 54
- **06** 現在の日時を1秒で入力する ……… 55
- **07** データを別のセルにすばやく移動・複製する ……… 56
  - *使えるプロ技!* キー操作でデータを移動・複製する ……… 56
- **08** 別のセルの間にデータを移動する ……… 57
- **09** データを複数箇所に貼り付ける ……… 58
  - *使えるプロ技!* クリップボードの［オプション］ボタン ……… 58
- **10** セルのデータのみを複製する ……… 60
  - Column さまざまな貼り付け ……… 61
- **11** セルの書式のみを複製する ……… 62
- **12** 行と列を入れ替える ……… 63
- **13** 列幅をコピーする ……… 64
- **14** 貼り付け先の値を利用して計算する ……… 65
- **15** 上の行と同じデータを簡単に入力する ……… 66
- **16** データを選んで入力する ……… 67
  - *使えるプロ技!* 事前に登録した選択肢から選ぶ ……… 67
- **17** データを一連のセル範囲にコピーする ……… 68
- **18** 連続番号を瞬時に入力する ……… 69
- **19** 一定間隔の連続番号を入力する ……… 70

	🌱使えるプロ技！上方向へオートフィルを実行する	70
20	日付を一定の間隔で自動入力する	73
	🌱使えるプロ技！同じ日付を入力する	73
21	平日だけの連続データを入力する	74
22	独自の連続データを入力する	75
	🌱使えるプロ技！順番を変えて自動入力するテクニック	77
23	規則に従ったデータを自動入力する	78
	🌱使えるプロ技！セルの値を複数セルに一括コピーする	79
24	空白セルを挿入して表を広げる	80
	🌱使えるプロ技！行全体、または列全体に空白を挿入する方法	81
25	不要なセルを消して表を詰める	82
	🌱使えるプロ技！行全体、または列全体を削除する方法	83
26	セル範囲のデータをすべて消す	84
27	必要なセルをすばやく見つける	85
28	書式を指定して検索する	87
29	データを置換する	88
30	特定色のセルを一括で変換する	90
31	不適切なデータの入力を禁止する	92
32	候補から選んで入力する	94
33	エラーメッセージを変更する	96
	🔗 Column ［エラーメッセージ］タブの［スタイル］項目の使い分け	98
34	セル選択時に入力データに関するヒントを表示する	99
35	入力モードを自動的に切り替える	100
36	一列に入力されているデータを複数列に分ける	101
37	8桁の数値を日付に変換する	104
	🌱使えるプロ技！年・月・日の並び順	105
38	不要な部分を削除する	106
39	日付・時刻のデータ形式をきちんと理解する	108
40	日付・時刻を計算する	110

Chapter 03　作業効率を改善できる「シート操作」の時短テク　111

01	下端まで一瞬で移動する	112
	🔍使えるプロ技！最初の入力済みセルへジャンプする	113
02	セルをすばやく選択する	114
03	先頭のセルをすばやく選択する	115
04	表全体をすばやく選択する	116
05	特定の種類のセルだけを選択する	118
06	セル番地を指定して選択する	120
	🔍使えるプロ技！別シートのセルを直接選択する方法	120
07	セルに名前を付けて選択しやすくする	121
	🔍使えるプロ技！［新しい名前］ダイアログのワンランク上の使い方	123
08	セルのクリックで別シートを開く	124
09	見出しを常に表示させる ―ウィンドウ枠の固定	125
10	離れた位置に入力されているデータを同時に確認する	126
11	同じブックを複数の画面で表示する	127
12	複数の画面を整列して並べる	128
13	表を拡大・縮小する	129
14	選択したセル範囲を画面いっぱいに表示する	130
15	行・列を一時的に隠す	131
16	行・列を折りたたむ	132
	🔍使えるプロ技！アウトラインのレベル	133
17	ワークシート管理の基本	134
	🔍使えるプロ技！シート名はできるだけ短く、簡潔に	134
18	シート見出しの色を変更する	136
	🔍使えるプロ技！データの種類で見出しの色を使い分ける	136
19	シートを一時的に隠す	137
20	離れたシートをすばやく開く	138

Chapter 04　ワンランク上の「見やすい表デザイン」の作り方　139

01	表デザインの基本を理解する	140
02	列幅や行の高さを調整する	141
	使えるプロ技！列の幅と行の高さの単位	142
03	罫線をマウス操作で引く	144
04	［書式設定］ダイアログで罫線を設定する	146
	Column 罫線の設定の応用例	147
05	文字を右揃えで表示する	148
06	文字を上側に表示する	149
07	セル内の文字を傾ける	150
08	セル内の文字を縦書きにする	152
09	文字を字下げする	153
10	複数のセルを1つにする	154
	使えるプロ技！選択範囲を行単位で結合する	155
11	同じ列の文字列の幅を揃える	156
12	文字列をセル内で折り返す	157
13	文字列をセル幅に合わせて縮小する	158
14	数字に通貨記号を付ける	159
15	桁カンマ付きの数値形式で表示する	160
16	日付を和暦で表示する	162
17	小数点以下の表示桁数を変更する	164
18	独自の表示形式を定義する	165
19	漢字の読みを表示する	169
	使えるプロ技！ふりがなが登録されていない場合の対処方法	170
20	ふりがなの表示設定を変更する	171
21	複雑な書式設定を一秒で適用する	172
22	書式の組み合わせを瞬時に設定する	174

23	スタイルの内容を変更する	175
24	独自のスタイルを定義する	177
25	特定の条件を満たす場合のみ、セルの書式を変更する	178
26	オリジナルの条件付き書式を設定する	181
	使えるプロ技！絶対参照と複合参照を使い分ける	183
27	データバーやカラースケールを表示する	184
28	条件付き書式の設定内容を変更する	186
	使えるプロ技！ルールの適用順序	187
29	セル内に簡易グラフを表示する	188
30	ワンクリックで、ブックの全体的なイメージを変える	189
31	テーマの配色やフォントを個別に変更する	190

Chapter 05 仕事で使える！データ集計・分析の基本と実践　191

01	表を成績順に並べ替える	192
02	一部のデータだけを並べ替える	193
03	並べ替えの条件を細かく設定する	194
	使えるプロ技！リストとは	195
04	先頭行も含めて並べ替える	196
05	列単位で並べ替える	197
06	担当者順で並べ替える	199
07	特定のデータだけを表示する ―フィルター機能	201
08	指定の値以上・以下の行だけを表示する	203
09	セルの塗りつぶしの色で絞り込む	204
10	相対参照と絶対参照の違いを正しく理解する	205
11	関数の基本的な使い方	206
12	最初に覚えるべき最重要関数	208
13	合計を求める ―SUM関数	210

14	平均を求める ― AVERAGE 関数	211
15	合計を求める数式を一括入力する	212
16	関数を選択画面から入力する	214
17	順位を求める ― RANK.EQ 関数	216
	使えるプロ技！数値が小さいほうから順位をつける	217
18	条件に応じて異なる計算をする ― IF 関数	218
19	他の表からデータを取り出す ― VLOOKUP 関数	220
20	数値の区間に対応する値を求める ― VLOOKUP 関数	222
21	条件に合うデータの個数を求める ― COUNTIF 関数	224
	使えるプロ技！ワイルドカードを使う	226
22	特定商品の売上合計を求める ― SUMIF 関数	227
23	複数の関数を組み合わせる	230
	使えるプロ技！明示的にエラーを表示することも可能	232
24	小計行と総計行を自動的に追加する	233
25	数式の参照関係を調べる	236
26	別のシートのセルを参照する	239
27	別のブックのセルを参照する	240
28	複数シートのデータを合計する	241
	使えるプロ技！3-D 参照機能が利用できる関数	242
29	複数の表のデータを集計する	243
	使えるプロ技！データの自動更新を設定する	245
30	知っておきたい「名前」の活用方法	246
31	数式を計算結果に変換する	248
	使えるプロ技！数式を計算結果に変換する上級テクニック	248

Chapter 06　さまざまなデータ集計・分析機能の活用　249

| 01 | Excel に搭載されているデータ集計・分析機能 | 250 |

02	過去のデータから将来を予測する ―予測シート	251
03	データのセットを瞬時に切り替える ―シナリオ	252
04	目標値を逆算する ―ゴールシーク	255
05	詳細な条件を指定して、目標値を逆算する ―ソルバー	257
	使えるプロ技！ ソルバーの条件に比較演算子を使用する	261
06	計算式を変えて結果を試算する ―データテーブル	262
	使えるプロ技！ データテーブル設定後のセルの値	263
07	クロス集計表を作成する ―ピボットテーブル	264
08	クロス集計の対象を絞り込む ―ピボットテーブル	268
09	購入者を年齢層別に分類する ―ピボットテーブル	270
10	クロス集計の結果をグラフ化する ―ピボットグラフ	272
11	複数のデータを関連付けて集計する ―ピボットテーブル＋データモデル	275

Chapter 07　テーブル機能の活用とデータの取り込み　279

01	データ蓄積用の表を作成する	280
02	テーブルの書式セットを変更する	281
03	独自のテーブルスタイルを設定する	282
	使えるプロ技！ 新規テーブルスタイルを作成する	283
04	テーブルの最後列を目立たせる	284
	使えるプロ技！ 行の縞模様を非表示にする	284
05	テーブルに合計の行を追加する	285
	Column データの並べ替え機能とフィルター機能	287
06	数式でテーブルのデータを参照する―構造化参照	288
07	Access のデータを取り込む	292
08	Web 上のデータを取り込む	294
	使えるプロ技！ Web ページの更新に対応する	295

Chapter 08　伝わるグラフの作り方　　　297

01	目的に応じたグラフを作成する	298
02	「おすすめグラフ」を利用する	302
03	グラフのタイトルを変更する	303
	使えるプロ技！グラフタイトルと表タイトルをリンクする	303
04	グラフのレイアウトを変更する	304
05	グラフスタイルを変更する	305
06	系列の色の組み合わせを変更する	306
07	凡例の書式を変更する	307
08	データラベルの書式を変更する	309
09	グラフをグラフィックで表現する	311

Chapter 09　「印刷」を完璧に習得する　　　313

01	印刷時の改ページ位置を指定する	314
	使えるプロ技！改ページの解除	315
02	改ページの位置を確認・変更する	316
	使えるプロ技！印刷範囲の設定・変更	318
03	印刷状態に近い画面で作業する	319
04	印刷する範囲を指定する	320
05	見出し部分を全ページに印刷する	321
	使えるプロ技！［ページ設定］ダイアログを使いこなす	323
06	全ページに番号と日付を印刷する	324
07	奇数ページと偶数ページでフッターの設定を変える	326
08	会社名とロゴ（画像）を印刷する	327
09	印刷設定などを登録・変更する	329

10	印刷設定をマスターする	331
	🔑使えるプロ技! より細かく設定するには	333
	🔑使えるプロ技! 表をPDFで保存する方法	333
11	PDF形式で保存する	334

Chapter 10　環境設定とセキュリティ設定　　335

01	作業環境を整える	336
	🔑使えるプロ技! 環境設定の有効範囲	336
02	標準のフォントを変更する	343
	🔑使えるプロ技! 既存ブックの標準フォントを変更する方法	344
03	ユーザー名を変更する	345
04	自動エラー表示を設定する	346
05	自動修正機能のオン／オフを切り替える	347
06	クイックアクセスツールバーの登録内容を変更する	349
	🔑使えるプロ技! クイックアクセスツールバーを極める	351
07	リボンの構成を変更する	352
08	ドキュメントを検査する	355
	📄 Column ［アクセシビリティチェック］と［互換性チェック］	357
09	特定のセル以外を変更不可にする	358
10	パスワードを設定して暗号化する	361

索引 363

Chapter

01

最初に身につけておくべき基礎知識

Essential & Basic Knowledge of
Microsoft Excel

Essential & Basic Knowledge of Microsoft Excel

01　Excel作業を効率化しよう！

作業時間は「操作のコツ」を知っているか否かで大きく変わる

　Excel は代表的な表計算ソフトウェアであり、ビジネスで必要となるさまざまなニーズに対応できる、豊富な機能を備えています。しかし、==機能が多いということはそれだけ、目的や状況に応じて機能を使いこなすのが難しい==ということでもあります。

　現代では多くの人が、日々、業務で Excel を使って作業しています。しかし、一口に「Excel の作業」といっても、その具体的な内容はさまざまです。作業の内容によって、当然、使用する機能の種類やレベルも異なります。

　例えば、他の人が作成した表にデータを入力していく作業がメインであれば、書式や数式などに関する機能を使用することはほとんどないと思います。一方、入力メインの作業であっても、複数のセルに同じデータを入力したり、一連のセル範囲に規則性のあるデータを入力したりするケースでは、各セルに1つ1つデータを入力していく方法よりも効率的な方法があります。つまり、==作業に要する時間は操作のコツを知っているかどうかで大きく変わります==。

仕事で役立つ機能を網羅的に解説

　Excel の作業の中には、データ入力以外の作業もたくさんあります。例えば、目的のフォーマット（書式）を先に作成してから、表を作成していくような作業もあります。この場合は、書式設定をはじめとする Excel の各種機能に関する幅広い知識が必要となります。

　［セルの罫線］や［塗りつぶしの色］といった基本的な書式の多くは［ホーム］タブから設定できます。この程度ならさほど難しくありませんが、計算結果を自動的に表示する仕組みを用意したい場合は「数式」と「関数」に対する知識が必要になるでしょう。

　他にも、入力できるデータの種類を制限したり、入力されたデータに応じて書式を自動的に変化させたりといった仕組みを設定したい場合もあると思います。

18

本書では、こうした機能を使いこなし、業務内容に応じた便利な仕組みを実現するための方法を1つずつ、丁寧に紹介していきます。ぜひとも、Excelの基本的な使い方を習得し、業務に活用してください。そうすれば、日々のみなさんのExcel作業は劇的に速くなります。

どの機能で何ができるのかを把握することが大切

　Excelは多機能であり、数多くのボタンが用意されているため、日常的にExcelを使っている人でも、今まで一度も使ったことのない機能があると思います。そのため、いざ何らかの目的を果たそうとしたときに、何から手をつければよいかわからないかもしれません。また、それ以前に、

- 目的を果たすためにどの機能を使えばよいのか
- その機能がどこに用意されているのか
- そもそもExcelで実現可能なのかわからない

といった状況になることもあるかもしれません。こういった問題に適切に対応するためには、一度、本書を通読して「Excelで何ができるのか」「どのような機能が用意されているのか」などの全体像を把握することが大切です。一度でも全体像を見ておけば、「そういえばこんな機能があるはずだ」といった具合に勘所をつかむことができます。このとき、すべての機能を暗記する必要はないので安心してください。必要になったときに本書を読み返せばよいですし、より詳しい情報が必要になったらWeb検索すればよいのです。大切なのは、Excelで何ができるのかをざっくりと把握しておくことです。

面倒なExcel作業から解放されよう！

　本書の役割は、日々Excelで作業をしている多くの人に「Excelでできること」の世界を広げてもらい、より速く、より正確に目の前の作業を終わらせるための機能や操作手順を習得してもらうことです。1人1人の作業の内容に応じて、作業効率の向上と、Excelの基礎スキルアップのお手伝いをします。ぜひ最後までお付き合いください。本書を読んでいただければ、作業時間の短縮や正確性の向上を必ず体感できます。

Essential & Basic Knowledge of Microsoft Excel

02 Excelを瞬時に起動する方法

　Excelを起動して作業を開始する手順を解説します。一口に「Excelで作業を開始する」といっても、まだ何も入力していない新しいブックで一から作業を開始する場合と、作成済みのブックを開いて前回の続きから作業を再開する場合の2つのケースがあります。

　ここでは両方のケースについて、一般的な方法と、より効率的に作業を開始する方法を紹介します。

Excelを起動する最も基本的な方法

　Excelを起動する最も基本的な方法は、[スタート] ボタン→ [Excel] をクリックする手順です。

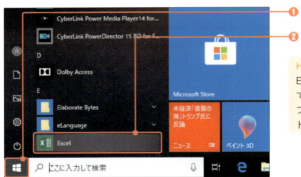

❶ [スタート] ボタンをクリックする。

❷ [Excel] をクリックする。

HINT
Excelが起動すると、通常の設定では、最近使ったファイルやテンプレートなどが表示されたスタート画面が表示されます。

❸ 新規ワークシートで作業をはじめる場合は、[空白のブック] をクリックする。

HINT
[Excelのオプション] ダイアログの設定で「スタート画面」を表示せず、Excelの起動と同時に新規ブックを作成することも可能です（p.340）。

Excel をすばやく起動する方法

Windows 10 の設定によっては、[スタート] メニューの最上部に [よく使うアプリ]が表示されます。Excelをよく使っている場合、自動的にこの中に[Excel]が追加されるので、クリックすれば Excel を起動できます。

[スタート]メニューの最上部に[よく使うアプリ] が表示される。アイコンをクリックするとアプリが起動する。

[Excel]を[スタート]メニューの中に常に表示させておきたい場合は、[**スタートにピン留めする**] をクリックします。

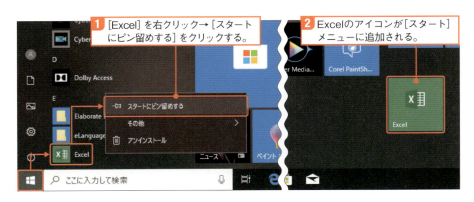

1 [Excel] を右クリック→ [スタートにピン留めする] をクリックする。

2 Excelのアイコンが[スタート]メニューに追加される。

ショートカットを利用する

　ショートカットを利用する方法も便利です。Excelのショートカットをデスクトップに配置しておけば、それをダブルクリックするだけでExcelを起動できます。また、**タスクバーに配置しておけば、それを1クリック**するだけでExcelを起動できます。

　ショートカットをデスクトップに配置するには、［スタート］メニューを開き、［Excel］をデスクトップ上にドラッグ＆ドロップします。また、タスクバーに配置するには、Excelを起動した状態で、タスクバー上の［Excel］のアイコンを右クリックして、［タスクバーにピン留めする］をクリックします。

● デスクトップに配置方法　　● タスクバーに配置する方法

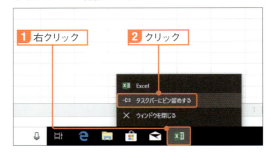

使えるプロ技！　タスクバーにExcelを常時表示させるもう1つの方法

　タスクバーにExcelを常時表示させる方法は上記のほかに、もう1つあります。［スタート］メニュー→［Excel］を右クリック→［その他］→［タスクバーにピン留めする］をクリックします❶。すると、Excelのアイコンがタスクバーに常時表示されるようになります。

作業中のブックをすばやく開く

　頻繁に使用するブックは、その**ブックのショートカット**をデスクトップに配置しておくと便利です。

❶ 対象のブック（.xlsxファイル）を右クリックする。

❷ ［送る］→［デスクトップ（ショートカットを作成）］をクリックする。

　また、タスクバーのExcelのアイコンを右クリックすると最近使ったブックの一覧が表示されます。この一覧に、特定のブックを常に表示させておきたい場合は、そのブック名の右側に表示される**ピン**をクリックします。

❶ ステータスバーで対象のブックを右クリックする。

❷ ［一覧にピン留めする］アイコンをクリックする。

HINT
ピン留めを解除するには、タスクバーでExcelのアイコンを右クリックして、［一覧からピン留めを外す］をクリックします。

使えるプロ技！「最近使ったブックの一覧」を削除する方法

　日常的にExcelを使用していると、Excelの起動画面や、［ファイル］タブ→［開く］を選択した際に表示される画面などに、「最近使ったブックの一覧」などが表示されるようになります。この機能は便利な反面、不要に感じるケースもあると思います。
　この機能を無効化するには、［ファイル］タブ→［オプション］を選択して［Excelのオプション］ダイアログを開き、［詳細設定］をクリックして❶、［表示］エリアにある［最近使ったブックの一覧に表示するブックの数］を「0」に設定します❷。

Essential & Basic Knowledge of Microsoft Excel

03　Excelの画面構成を正しく理解する

Excelの基本構成

Excelのウィンドウ（作業画面）は、次のような構成になっています。

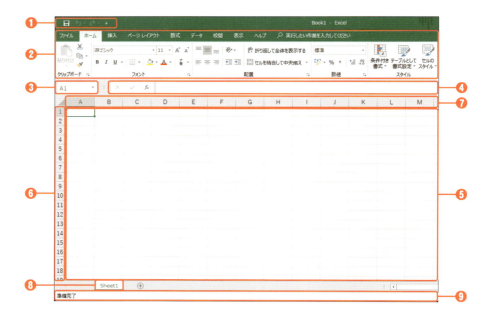

❶クイックアクセスツールバー

　クイックアクセスツールバーは、登録済みの操作を1クリックで実行できる機能です。初期設定では［上書き保存］［元に戻す］などが登録されています。どの操作を登録するかはみなさんが自由にカスタマイズできます（p.349）。頻繁に使う操作を登録しておけば、作業効率を劇的に改善できます。

❷リボン

　Excelで実行できる機能の多くが、種類ごとに「タブ」に分類されています。目的のタブをクリックして開き、その中のボタンをクリックするなどして、各機

能を実行します。各リボンの内容については次ページで解説します。

❸名前ボックス

　名前ボックスには「現在選択されているセルの番号」が表示されます。また、セルにつける「名前」の操作にも利用できます（p.246）。

❹数式バー

　セルに入力されている実際のデータが表示されます。数式が入力されている場合、セル上には計算結果が表示されますが、数式バーには数式が表示されます。

❺ワークシート

　実際に作業する領域です。縦横の線で格子状に区切られており、その１つ１つのマス目のことを「セル」といいます。数値や文字列などのデータは各セルに入力していきます。

❻行番号

　ワークシートの左側に表示されている「1」「2」「3」……と続く数字を「行番号」といい、各セルの垂直方向の番地を表します。行数は1,048,576行まであります。

❼列番号

　ワークシートの上側に表示されている「A」「B」「C」……と続くアルファベットを「列番号」といい、各セルの水平方向の番地を表します。「Z」の次は「AA」、「ZZ」の次は「AAA」と続き、「XFD」列まであります。各セルの位置は、列番号と行番号を組み合わせて、「A1」のように表します。

❽シート見出し

　Excelでは、１つのブックの中に複数のワークシートを作成できます。シート見出しには、ワークシートの名前が表示されます。シート見出しをクリックすることで、表示するシートを切り替えられます。また、シート見出しを右クリックすることで、シートの追加や削除、シート名の変更などを行えます。

❾ステータスバー

　現在の作業内容や、ワークシートに関する情報が表示される部分です。

リボンの各タブ

Excel のリボンには、標準では次のようなタブが表示されています。

> 📝 **Memo**
> 各タブの表示内容は、ご利用中の Excel のバージョンやウィンドウのサイズによって若干異なります。本書では Excel 2019 の画面を掲載しています。

■[ファイル] タブ

［ファイル］タブは、他のタブとは異なり、画面そのものが大きく変化します。［ファイル］タブを選択した際に表示される画面は「**Backstage ビュー**」とも呼ばれます。

このタブには、作業中のファイルに関する情報や、新規作成、保存、印刷など、<mark>ファイルの処理に関する操作</mark>がまとめられています。また、基本的な操作環境の設定もこの画面から変更可能です。

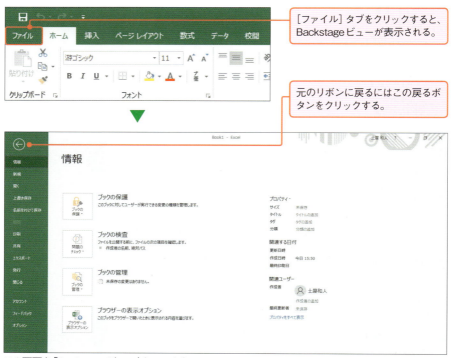

この画面を「Backstage ビュー」といいます。

●[ホーム] タブ

　Excelの基本のタブです。使用頻度の高い機能がまとめられています。具体的には、セルの移動や複製に関する操作、書式設定、選択や検索に関連した機能などがこのタブ内に配置されています。

●[挿入] タブ

　ワークシート上に何らかの「モノ」（図やグラフなど）を追加する機能がまとめられたタブです。

●[ページレイアウト] タブ

　印刷用のページ設定に関連した機能がまとめられたタブです。また、ブックの基本的な色やフォントに関連した「テーマ」の設定も行えます。

●[数式] タブ

　関数を簡単に入力できる「関数ライブラリ」や、セル参照をわかりやすくする「名前機能」、数式を検証するための機能などがまとめられたタブです。

●[データ] タブ

　外部からのデータ取り込みやデータベース的な処理に関連した機能がまとめられたタブです。

●[校閲] タブ

　ワークシートに入力されたデータのチェックや、コメント、データの共有といった複数メンバーによる共同作業に関連した機能がまとめられたタブです。

●[表示] タブ

　ワークシートやウィンドウの表示に関する機能がまとめられたタブです。

●[ヘルプ] タブ

　Excelの使い方などを調べるためのタブです。

Essential & Basic Knowledge of Microsoft Excel

04 データの種類を理解する

Excelで扱えるデータの種類

Excelでは次の種類のデータを扱うことができます。

● Excelで扱えるデータの種類

種類	説明
数値	数字だけで構成されるデータです。たし算、ひき算、かけ算、わり算の四則演算といった、各種計算に使用できます。
文字列	アルファベットやひらがな、カタカナ、漢字、記号など。「計算処理に使用できないデータ全般」と理解しておくとよいです。
日付・時刻	Excelの日付・時刻は数値データの一種（シリアル値）です。日付データは、1900年1月1日を「1」とし、1日経つごとに1ずつ増えていく整数のデータです。 また、時刻データは深夜0時を「0」、昼の12時を「0.5」、24時間後の翌日0時（24時）を「1」とする小数のデータです。1時間の長さは24分の1、1分の長さはさらにその60分の1に当たる小数で表されます。 通常、日付と時刻は別のセルで管理されますが、1つのセルの中に日付と時刻を両方収めることも可能です。
論理値	「TRUE」（真）または「FALSE」（偽）のいずれかを表すデータです。値としてセルに直接入力することも可能ですが、実際には、IF関数（p.218）の条件判定などに使用されることがほとんどです。 なお、TRUEは「1」、FALSEは「0」という数値と等価であるため、数式の中で論理値を数値データに変換することも可能です。
エラー値	数式の結果が不適切だった場合に表示されるデータです。値として入力することも可能ですが、セルに直接エラー値だけを入力することはほとんどありません。 エラー値の主な役割は、数式の記述に問題があった場合に、その問題の種類を示すことです。エラー値についてはp.44を参照してください。

> **Memo**
>
> 日付・時刻データの元となる数値のデータのことを「シリアル値」といいます。「Excelの日付・時刻データはシリアル値で管理されている」ということを覚えておいてください。詳しくはp.106で解説します。

Chapter 01 最初に身につけておくべき基礎知識

29

Essential & Basic Knowledge of Microsoft Excel　　　　　　　　　Sample_Data/01-05/

05　定数と数式の違いを理解する

セルには「計算結果」が表示される

　セルに直接入力した数値や文字列、日付などのデータのことを「定数」といいます。定数は、その名のとおり、定まった値（変化しない値）という意味です。

　Excelでは定数のほかに「数式」を入力することもできます。先頭に「=」（イコール）をつけて入力すると、Excelはそのデータを数式と見なし、その数式の計算結果をセルに表示します。数式は数式バーに表示されます。例えば「=1+3」をセルに入力すると、セル上にはその結果の「4」が表示されます。

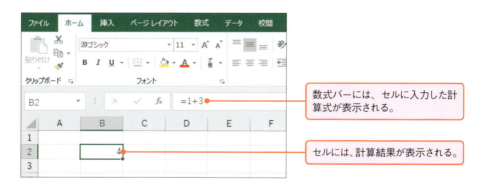

数式バーには、セルに入力した計算式が表示される。

セルには、計算結果が表示される。

演算子とは

　数式の中で使われる記号のことを「演算子」といいます。上記の数式で使用している「+」のような数値の計算に使う演算子のことを特に「算術演算子」といいます。Excelの数式で使える算術演算子には次の種類があります。

> 📝 Memo
> Excelの数式では、算術演算子のほかに、比較演算子、文字列演算子、参照演算子など、さまざまな演算子を利用できます。

● 算術演算子の種類

演算子	機能	使用例	計算結果
+	加算	1+4	5
-	減算	10-7	3
*	乗算	4*3	12
/	除算	15/3	5
^	べき乗	4^2	16
%	パーセント	20%	0.2

関数と引数

Excelには「関数」と呼ばれる機能が用意されています。関数を使用すると、演算子だけでは実現できない**複雑な**計算や、多くの人が頻繁に利用する**特定の処理**（大量データの集計など）を簡単な操作で実行できます（詳しくは第5章を参照）。

数式の中で関数を使用する場合は、関数名の後ろに「()」（カッコ）をつけて、そのカッコの中に計算対象の数値や文字を入力します。例えば、5つの数値の合計を求めたい場合は、SUM関数を使用して、次の数式をセルに入力します。

```
=SUM(2,5,11,8,10)
```

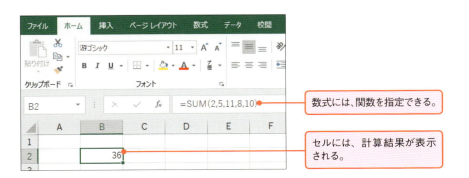

なお、関数のカッコの中に入れる計算対象の値のことを「引数」と呼びます。

数式にセルを指定する

数式には、数値や文字に加えて、セルを指定することも可能です。セルを指定するには、数式に「A1」などの**セル番地**を直接指定します。

次の例では、セルA2とセルB2に入力されている数値の積を求めています。

```
=A2*B2
```

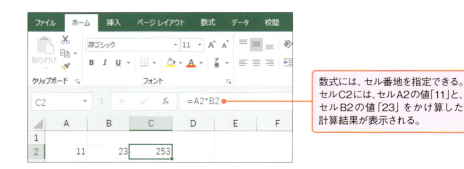

　関数によっては引数に、単独のセルではなく、<mark>セル範囲</mark>（複数のセルの集まり）を指定する場合もあります。セル範囲を指定するには、次の例のように、先頭のセルと末尾のセルを「**:**」（半角コロン）でつなぎます。すると、<mark>2つのセルを結ぶ線を対角線とする四角形の範囲</mark>が処理の対象になります。

```
=SUM(B2:C4)
```

　なお、<mark>数式は一度入力したら変更しないのが原則</mark>です（間違いを修正する場合を除く）。そのため、変更する可能性がない値は数式に直接記入しても問題ありませんが、値を変更する可能性がある場合は、数値を直接記入するのではなく、セル番地を指定し、そのセルの値を変更します。そうすれば、数式を変更することなく、目的の計算を行うことができます。

Essential & Basic Knowledge of Microsoft Excel

06 複数のブックで作業する

新しいブックを作成する

　同時に複数のブックを開き、必要に応じて画面を切り替えて作業するようにすると作業効率を改善できます。ここではまず、Excelの作業中に、別の新しいブックを作成する方法を紹介します。

　Excelの起動と同様に、テンプレートの一覧が表示された画面からブックを作成するには、次の手順を実行します。

❶ [ファイル] タブ→ [新規] をクリックする。

❷ [空白のブック] をクリックする。

> 🎵使えるプロ技！ **キー操作ですばやく新規ブックを作成する**
>
> 単に空白のブックを作成するのであれば、ショートカットキー Ctrl + N が便利です。

ブックを開く

　Excelの作業中に、別のブックを開きたくなった場合は、[ファイル] タブ→ [開く] をクリックします。すると、画面右側に最近作業したブックの一覧が表示されます。目的のブック名をクリックするとブックが開きます。

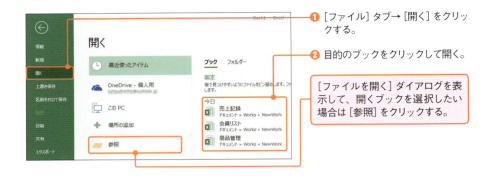

複数のウィンドウを切り替える

同時に開いているブックのウィンドウを切り替える方法はいくつかあります。

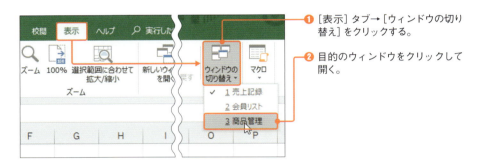

また、タスクバーの Excel のアイコンにマウスを合わせる(マウスオーバーする)と、開いている Excel の**ウィンドウの縮小画面**が表示されるので、ここで内容を確認して、クリックで表示することが可能です。

07 ブックを正しく保存する

標準の形式で保存する

作業中のブックに名前をつけて保存するには、次の手順を実行します。

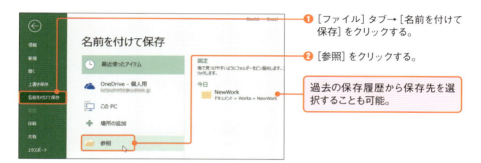

❶ [ファイル] タブ→ [名前を付けて保存] をクリックする。

❷ [参照] をクリックする。

過去の保存履歴から保存先を選択することも可能。

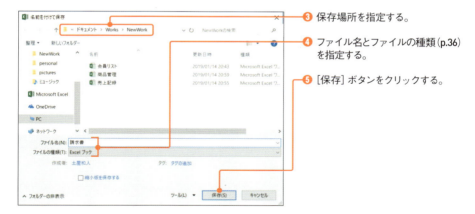

❸ 保存場所を指定する。

❹ ファイル名とファイルの種類 (p.36) を指定する。

❺ [保存] ボタンをクリックする。

　なお、Excelファイルの標準的な保存形式は、「Excelブック（*.xlsx）」です。通常はこの形式で問題ありません。なお、初回の保存時は [上書き保存] を選んでもこのダイアログが表示されます。

　一度保存を実行したら、次回以降は [ファイル] タブ→ [上書き保存] をクリックすれば、前回の保存内容に上書きされる形でブックが保存されます。

または、クイックアクセスツールバーの［上書き保存］ボタンや、Ctrl+Sのショートカットキーで上書き保存することもできます。

> **Memo**
> ［参照］ボタンをクリックして［名前を付けて保存］ダイアログを表示した際に最初に表示される保存場所は、［Excel のオプション］ダイアログの［保存］カテゴリにある［既定のローカルファイルの保存場所］に設定されているフォルダーです（p.339）。

適切な形式で保存する

データによっては、Excel ブック（*.xlsx）以外の形式で保存したい場合もあります。Excel で保存できる主なファイル形式は次のとおりです。

● **Excel で保存できる主なファイル形式**

ファイル形式	説明
Excel ブック	Excel の標準的なファイル形式
Excel マクロ有効ブック	マクロを使用している Excel ファイル
Excel バイナリブック	XML ベースでない Excel ファイル
Excel 97-2003 ブック	以前のバージョンの Excel ファイル
CSV UTF-8（コンマ区切り）	列をコンマで区切った UTF-8 のテキスト
XML データ	XML 形式のテキストファイル
Excel テンプレート	Excel の標準的なテンプレート形式
Excel マクロ有効テンプレート	マクロを使用しているテンプレート
テキスト（タブ区切り）	列をタブで区切ったテキストファイル
Unicode テキスト	Unicode のテキスト形式
CSV（コンマ区切り）	列をコンマで区切ったテキスト

「マクロ」とは、Excel の操作を自動化するための一種のプログラムです。マクロを使用している Excel ファイルを保存する場合は「Excel マクロ有効ブック」を選択します。

「テンプレート」とは、何度も繰り返し使用する文書フォーマットを保存する際に指定するファイル形式です（p.37）。

08 テンプレートから ブックを作成する

既存のテンプレートを利用する

テンプレート形式で保存されたファイルを Excel で開くと、「ある程度作成された状態のブック」が新規ブックとして開きます。この状態のブックを保存しようとすると、最初は必ず［名前を付けて保存］の状態になり、保存場所とファイル名を指定して保存する必要があります。

テンプレートには「Excel にあらかじめ用意されているもの」と「ユーザーが独自に作成したもの」の2種類があります。あらかじめ用意されているテンプレートは Excel の新規画面で選択できます。ここでは、表示されたテンプレートの中から［学生のスケジュール］を選んでみます。

❶［ファイル］タブ→［新規］をクリックする。

❷［学生のスケジュール］をクリックする。

❸ テンプレートの内容が表示されるので確認する。

❹［作成］ボタンをクリックすると、対象のテンプレートファイルがダウンロードされて、ブックとして開く。

作成されたブックのファイル名

　作成されたブックのタイトルバーには「学生のスケジュール1」というブック名が表示されていますが、この名前でファイルとして保存されているわけではありません。それを確認してみます。

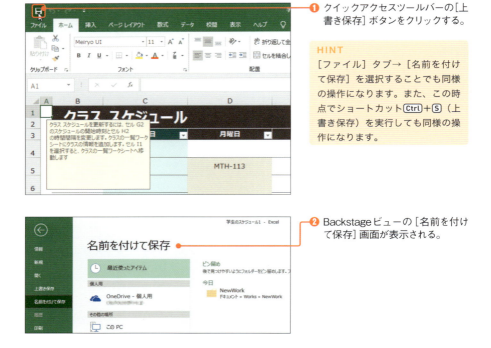

❶ クイックアクセスツールバーの[上書き保存]ボタンをクリックする。

HINT
[ファイル]タブ→[名前を付けて保存]を選択することでも同様の操作になります。また、この時点でショートカット Ctrl + S（上書き保存）を実行しても同様の操作になります。

❷ Backstageビューの[名前を付けて保存]画面が表示される。

　ここで[名前を付けて保存]画面が表示されることから、現在表示されているブックのブック名が未確定であることがわかります。以降はp.35と同様の手順で、通常のExcelブック形式で保存を実行します。

独自のテンプレートファイルを利用する

　みなさんが作成したブックを、テンプレートとして保存することもできます。操作手順はとても簡単で、具体的には[名前を付けて保存]ダイアログを開き（p.35）、[ファイルの種類]に[Excel テンプレート]を指定するだけです。ファイルの保存場所が自動的に「Officeのカスタムテンプレート」になるので、このフォルダーにテンプレートを保存します。

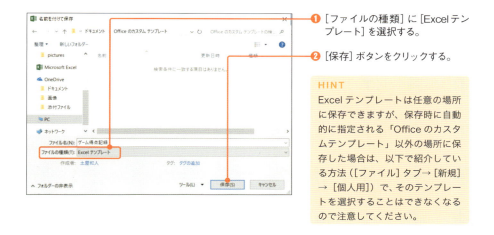

❶ [ファイルの種類]に[Excelテンプレート]を選択する。

❷ [保存]ボタンをクリックする。

HINT
Excelテンプレートは任意の場所に保存できますが、保存時に自動的に指定される「Officeのカスタムテンプレート」以外の場所に保存した場合は、以下で紹介している方法([ファイル]タブ→[新規]→[個人用])で、そのテンプレートを選択することはできなくなるので注意してください。

保存したテンプレートを利用する

保存したテンプレートから新規ブックを作成するには、次の手順を実行します。

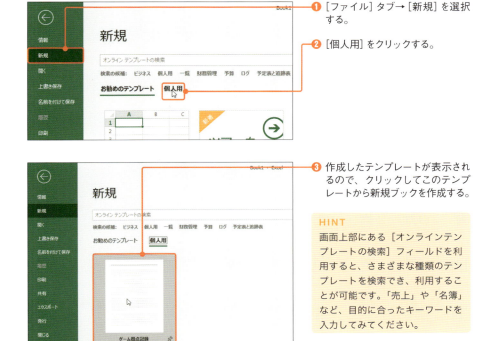

❶ [ファイル]タブ→[新規]を選択する。

❷ [個人用]をクリックする。

❸ 作成したテンプレートが表示されるので、クリックしてこのテンプレートから新規ブックを作成する。

HINT
画面上部にある[オンラインテンプレートの検索]フィールドを利用すると、さまざまな種類のテンプレートを検索でき、利用することが可能です。「売上」や「名簿」など、目的に合ったキーワードを入力してみてください。

09　作業効率化を実現する2つの方法

　マウス操作は直感的で簡単なので、初心者にもわかりやすいですが、==作業の効率化という意味ではベストな方法とはいえません==。面倒な作業を効率化するには、できるだけマウスは使わず、キー操作だけで処理を実行できるようになることが重要です。キー操作を習得すれば、より素早く目的の機能を実行できるため、作業時間の短縮になります。

　キー操作には大きく「==ショートカットキー==」と「==アクセスキー==」の2種類があります。ショートカットキーとは、特定のキーまたはキーの組み合わせを入力することで、特定の操作を実行する機能です。Excelで使用できる主なショートカットキーには、次のようなものがあります。

● 絶対に覚えておくべき主なショートカットキー

キー操作	説明
F1	ヘルプ表示
Del	セル内容の消去
Ctrl + C	コピー
Ctrl + X	切り取り
Ctrl + V	貼り付け
Ctrl + Z	元に戻す
Ctrl + W	ブックを閉じる
Ctrl + O	ブックを開く
Ctrl + S	上書き保存
Ctrl + ↑→↓←	その方向の終端セルへ移動
Ctrl + End	ワークシートの最後のセルへ移動
Ctrl + Home	セルA1へ移動
Ctrl + 1	［セルの書式設定］を開く
F2	セルを編集状態にする
F4	相対参照・絶対参照を切り替える

　なお、本書では、マウスでリボンの各ボタンをクリックしていく方法で操作手順を解説していますが、ショートカットキーでの操作が可能なものについては、適宜、そのキー操作についても補足説明します。

アクセスキーを利用する

　アクセスキーとは、リボン上の各メニュー項目に割り当てられたキーを順番に押していくことで、特定のコマンドを実行できる機能です。最初に Alt キーを押すと、リボン上の各項目に割り当てられたキーが表示されるので、その表示に従って押していきます。

　ここではアクセスキーを利用して［データの入力規則］機能を実行する手順を紹介します。

❶ Alt を押すと、リボン上にキーアイコンが表示される。

❷ ［データの入力規則］は［データ］タブ内にあるので、表示に従って、A を押す。

❸ ［データ］タブが選択された状態になるので、表示に従って V を押す。

❹ 再度 V を押すと、［データの入力規則］機能が実行される。

使えるプロ技！　アクセスキーで作業効率を劇的に改善できる

　上記の手順からもわかるように、例えば［データの入力規則］機能をキー操作だけで実行するには、Alt → A → V → V の順番でキーを押していきます。他の機能や操作も同様の手順で実行できます。頻繁に使う機能の実行方法を覚えておけば、作業効率を劇的に改善できます。ぜひ試してみてください。

Essential & Basic Knowledge of Microsoft Excel

10 失敗した操作を取り消す／取り消した操作を再実行する

操作を取り消す

　間違った操作を実行してしまった場合は、できるだけ早急にその誤操作を取り消して、実行前の状態に戻します。Excelでは、1つの操作だけでなく、数段階前までさかのぼって操作を取り消すことが可能です。また、一度取り消した操作をまとめて再実行することも可能です。

　直前の操作を取り消して元の状態に戻すには、クイックアクセスツールバーの[元に戻す]ボタンをクリックします。または、Ctrl+Zを押します。

❶ クイックアクセスツールバーの[元に戻す]ボタンをクリックする。

数段階前までさかのぼって操作を取り消す

　数段階前まで元に戻したいときは、[元に戻す]ボタンの[▼]をクリックして、戻したい段階を選びます。

❶ [元に戻す]ボタンの右にある[▼]をクリックする。

❷ 戻したい段階をクリックする。

42

取り消した操作を再実行する

　直前に取り消した操作を再実行する場合は、クイックアクセスツールバーの[やり直し]ボタンをクリックします。または、Ctrl+Yを押します。

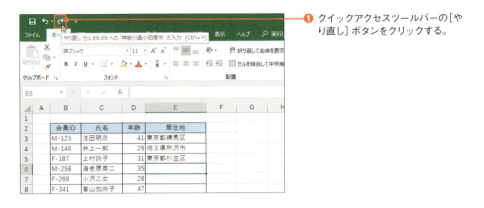

❶ クイックアクセスツールバーの[やり直し]ボタンをクリックする。

数段階前までさかのぼって操作をやり直す

　数段階前までさかのぼって、取り消した操作を再実行したい場合は、[やり直し]ボタンの[▼]をクリックして、再実行したい段階を選びます。

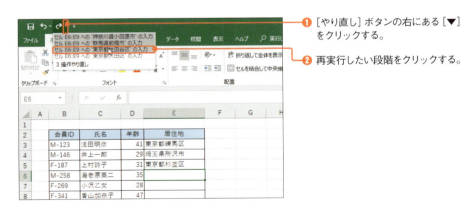

❶ [やり直し]ボタンの右にある[▼]をクリックする。
❷ 再実行したい段階をクリックする。

> 📄 **Memo**
>
> Excelでは、操作を元に戻すことができるのは100回までです。この上限数は[Excelのオプション]ダイアログなどでは変更できません。上限数を変更するにはWindowsの「レジストリ」を編集する必要があります。ただし、この操作は高度な知識を要するので通常はお勧めしません。Windowsのシステムに関する知識がある人のみ実行してください。

Essential & Basic Knowledge of Microsoft Excel

11 エラーの内容を理解する

エラーが発生する理由

数式に不適切な値が指定されていた場合は、セルにその内容に応じたエラー値が表示されることがあります。Excelで目にする可能性のあるエラー値には、次の種類があります。

● エラー値の種類

エラー値	説明
#VALUE!	計算対象の値が不適切
#DIV/0!	わり算の除数（分母）に0または空白セルを指定した
#NUM!	数値が適切な範囲内にない
#NAME?	正しくない名前が使用されている
#N/A	使用できる値がない
#REF!	セル参照が無効になっている
#NULL!	指定されたセル範囲が存在しない

主なエラーの発生原因と対処方法

エラー値「#VALUE!」は、算術演算子の計算対象に、数値ではなく、文字列を指定してしまった場合などに表示されます。計算対象にセル番地を指定する場合は、そのセルに文字列が入力されていないか確認してください。

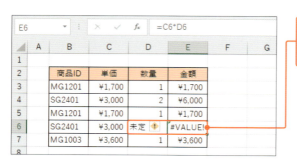

かけ算の計算対象に文字列「"未定"」が指定されているため、#VALUE!エラーになる。

エラー値「#DIV/0!」は、わり算の除数（分母）に「0」を指定した場合に発生します。未入力のセルも「0」として計算されるため、このエラー値が発生します。

エラー値「#NAME?」は、指定した「名前」（p.246）が定義されていない場合に発生します。また、文字列の指定時に「"」で囲むのを忘れた場合にも発生します。

エラー値を避ける方法

エラー値が発生したら、その種類に応じて問題点を把握し、数式やセルの値を修正します。しかし、数式が参照しているセルに、後から不適切な値が入力される可能性もあるでしょう。このようなケースに対処するには、IF関数（p.218）やIFERROR関数を使って、「計算に問題が生じる場合には、別の処理をする」といった処理を設定します。

Essential & Basic Knowledge of Microsoft Excel

12 トラブルに適切に対処する方法

ヘルプ機能でトラブルの解決方法を調べる

　Excelでの作業中に、操作方法がわからなくなったり、何らかのトラブルが発生したりした場合は、とりあえずExcelの「**ヘルプ**」で確認しましょう。[**ヘルプ**]タブ→[**ヘルプ**]をクリックするか、F1を押します。

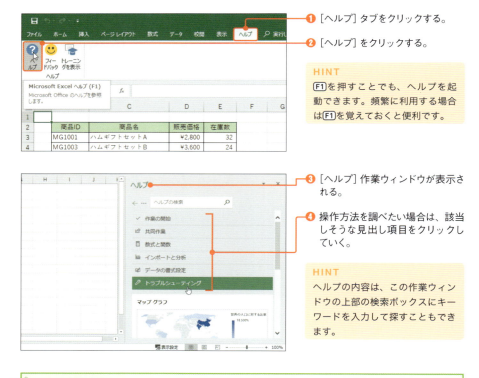

❶ [ヘルプ] タブをクリックする。

❷ [ヘルプ] をクリックする。

HINT
F1を押すことでも、ヘルプを起動できます。頻繁に利用する場合はF1を覚えておくと便利です。

❸ [ヘルプ] 作業ウィンドウが表示される。

❹ 操作方法を調べたい場合は、該当しそうな見出し項目をクリックしていく。

HINT
ヘルプの内容は、この作業ウィンドウの上部の検索ボックスにキーワードを入力して探すこともできます。

使えるプロ技！ 操作アシスト機能を活用する

　操作方法がわからない場合は、画面上部の「操作アシスト」にキーワードを入力して調べる方法もあります。「実行したい作業を入力してください」と表示されている部分にキーワードを入力してみてください。

❺ 具体的な解決策のリストが表示されるので、該当する項目をクリックする。

Excel を強制的に終了する

　Excel がフリーズしてしまい、一切の操作を受け付けなくなった場合は、とりあえずしばらく待ってみましょう。現在の処理に時間がかかっているだけで、しばらく待ったら正常に戻る可能性もあります。

　しかし、時間をおいてもフリーズが続いている場合は、Excel を強制的に終了する必要があります。マウス操作と、Windows や別のアプリケーションの作業は問題なく行えるのであれば、フリーズしているのは Excel のみなので、次の手順を実行することで、Excel を強制終了できます。

　タスクバーを右クリック→［タスクマネージャー］をクリックします。

❶ タスクバーの何もない箇所を右クリックする。

❷ ［タスクマネージャー］をクリックする。

47

表示される「タスクマネージャー」の画面で [Microsoft Excel] を選択し、[タスクの終了] をクリックすると、Excel を強制的に終了することができます。ただし、この操作によって、作業中のブックのデータが失われる可能性があります。

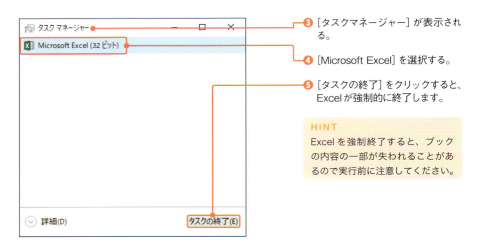

❸ [タスクマネージャー] が表示される。

❹ [Microsoft Excel] を選択する。

❺ [タスクの終了] をクリックすると、Excel が強制的に終了します。

HINT
Excel を強制終了すると、ブックの内容の一部が失われることがあるので実行前に注意してください。

[ドキュメントの回復] を活用する

　<mark>Excel を強制終了した場合でも、すべてのデータが失われるわけではありません</mark>。自動的にバックアップされていたデータが残っていることもあります。その場合は次回、Excel を起動したときに [ドキュメントの回復] 作業ウィンドウが画面の左側に表示され、回復されたファイルが表示されます。

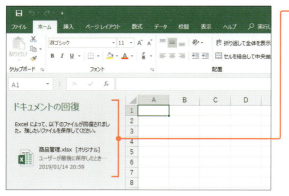

❶ 目的のファイルをクリックすると Excel で開かれるので、元のデータがどこまで保存されているかを確認する。

Chapter 02

すぐに役立つ！
データ入力・編集のプロ技

Data Entry & Data Compilation Techniques

Data Entry & Data Compilation Techniques　　　　　　　　　　　　　Sample_Data/02-01/

01　右側のセルに入力する

入力確定後に右方向へ移動する方法

　セルにデータを入力後、Enterを押すと、入力の確定後、自動的に1つ下のセルが入力対象（アクティブ）になります。下のセルではなく、右のセルに入力したい場合は、Enterではなく、Tabを押します。

❶ セルにデータを入力し、Tabを押す。

❷ 入力が確定し、1つ右のセルがアクティブになる。

　なお、Tabを押してセルB2から順番に右方向へ入力していき、セルE2まで入力したところでEnterを押すと、セルE3ではなく、入力を開始した列（セルB3）に戻ります。

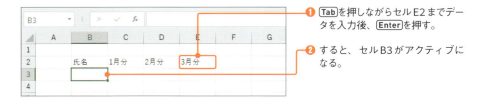

❶ Tabを押しながらセルE2までデータを入力後、Enterを押す。

❷ すると、セルB3がアクティブになる。

　このように、TabとEnterを使い分けると、効率的にデータを入力していくことができます。また、Shiftを押しながらEnterを押すと1つ上のセルへ、Shiftを押しながらTabを押すと1つ左のセルへ移動します。

> 🎼 使えるプロ技！　セルの移動方向を変更する方法
>
> 　Enterを押した際のセルの移動方向は、［Excelのオプション］ダイアログの［詳細設定］画面で変更できます（p.340）。

02 入力範囲を決めて、効率よく入力する

対象範囲を選択して入力する

　一定範囲内のセルに連続してデータを入力したい場合は、最初に**入力対象のセル範囲**を選択して、Tabだけでその範囲内を移動する方法が便利です。セル範囲を選択しても、実際に入力の対象となるのは、白色で表示される「アクティブセル」だけです。

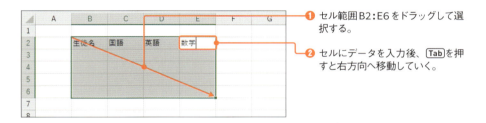

❶ セル範囲B2:E6をドラッグして選択する。

❷ セルにデータを入力後、Tabを押すと右方向へ移動していく。

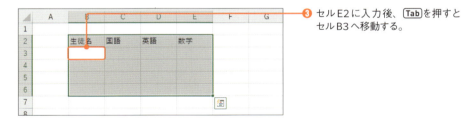

❸ セルE2に入力後、Tabを押すとセルB3へ移動する。

　なお、ここではTabを使用することで、1行ずつ、上から下へアクティブセルが移動していきますが、Enterを使用した場合、まずセルB2からセルB6まで移動した後、セルC2に戻り、また下方向へ移動していきます。

　また、それぞれの入力方法の際に、同時にShiftを押すと、左または上方向へ移動します。

03 セルをすばやく編集状態にする

キー操作だけでセルを編集する

　入力済みのセルのデータ全体を変更するには、目的のセルをクリックして選択し、その状態で新しいデータを入力します。

　一方、データの一部だけを修正したい場合は、そのセルをダブルクリックして編集状態にし、修正したい文字列を選択してから編集します。あるいは、セル上で修正するのではなく、目的のセルを選択し、数式バー上をクリックして、データを修正する方法もあります。

　このとき、編集対象のセルの選択や編集状態への切り替えなどをマウス操作で行っている人もいると思いますが、==効率よく作業を進めるためには、キー操作だけで、セルの選択や編集を行うのがお勧めです==。マウス操作の場合、セルを編集状態にするには利き手をマウスに持ち替えたうえで、対象のセルをダブルクリックする必要がありますが、キー操作の場合は F2 を押すだけです。

❶ 編集対象のセルを選択して、F2 を押す。

❷ セルが編集状態になる。

> **使えるプロ技！　セルの移動方法**
> 　操作対象のセルの移動は、キーボードの矢印キー ↑ → ↓ ← や Home End などで操作します。このとき、Shift や Alt などを組み合わせる技もあります。キー操作でセルをすばやく移動する方法については第3章の前半を参照してください。

Data Entry & Data Compilation Techniques　　　　　　　　　　　　　　　Sample_Data/02-04/

04　セル範囲に同じデータを一括入力する

連続するセル範囲に一括で入力する

　複数のセルに同じデータを入力したい場合、<mark>目的のセルを1つ1つ選択して入力していくのはとても非効率</mark>です。最初に入力したセルをコピーする方法もありますが、ここでは最も簡単な方法を紹介します。

❶ 入力対象のセル範囲をドラッグで選択する。

❷ 最上部のセルにデータを入力後、[Ctrl]＋[Enter]を押す。

❸ 選択範囲に同じデータが一括で入力される。

個別のセルに一括で入力する

　上のような連続するセル範囲だけでなく、ばらばらの位置にある複数のセルに一括入力することも可能です。

❶ [Ctrl]を押しながら、入力対象のセルをクリックして選択する。

❷ データを入力後、[Ctrl]＋[Enter]キーを押すと、選択済みのすべてのセルにデータが入力される。

53

05 セル内で改行する

セル内で折り返して表示する

1つのセルに入力された文字列は、基本的には1行で表示されます。長い文章を入力した場合に、文章をセルの幅に合わせて折り返すには、[ホーム]タブの[折り返して全体を表示する]ボタンをクリックして有効にします。

❶ セルを選択して、[ホーム]タブ→[折り返して全体を表示する]をクリックする。

❷ 文章がセル内で自動的に折り返される。

特定の位置で改行する

文章を特定の位置で改行するには、セル内改行を指定します。

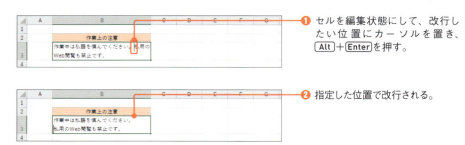

❶ セルを編集状態にして、改行したい位置にカーソルを置き、[Alt]+[Enter]を押す。

❷ 指定した位置で改行される。

🎵 使えるプロ技 / 文字をセル幅に合わせて縮小する

文章をセル幅に合わせて改行するのではなく、セル幅に合わせて文字を縮小することも可能です。この場合は、[セルの書式設定]ダイアログ→[配置]タブを選択して、[縮小して全体を表示する]にチェックを入れます。

Data Entry & Data Compilation Techniques　　　　　　　　　　　　　Sample_Data/02-06/

06　現在の日時を1秒で入力する

今日の日付を入力する

　今日の日付や現在の時刻は、ショートカットキーで簡単に入力できます。今日の日付は、次の手順で入力できます。

❶ 日付を入力したいセルをクリックして選択し、[Ctrl]+[;]（セミコロン）を押す。

❷ 今日の日付が入力される。

HINT
日付の書式はデータ入力後でも変更できます（p.162）。

現在の時刻を入力する

　現在の時刻は、次の手順で入力できます。

❶ 時刻を入力したいセルをクリックして選択し、[Ctrl]+[:]（コロン）を押す。

❷ 現在の時刻が入力される。

> 📝 **Memo**
> 日付を入力するキー（セミコロン）と、時刻を入力するキー（コロン）は似ているため混同しがちですが、「時刻の入力は、デジタル時計の時と分の区切りであるコロン（:）」と覚えれば、入力ミスを防ぐことができます。

55

Data Entry & Data Compilation Techniques　　　　　　　　　　　　Sample_Data/02-07/

07　データを別のセルに　　　すばやく移動・複製する

マウス操作で移動・複製する

　データを含むセル（またはセル範囲）を他の位置に移動する際の最も基本的な方法として「切り取り→貼り付け」です。具体的には、まず、対象のセルを選択して、[ホーム] タブ→ [切り取り] ボタンを実行し、次に、移動先で [ホーム] タブ→ [貼り付け] ボタンをクリックします。

　確かにこの方法でもセルを移動できますが、「ドラッグ＆ドロップ」を活用すれば、より簡潔な操作で実行することが可能です。ぜひ覚えておいてください。

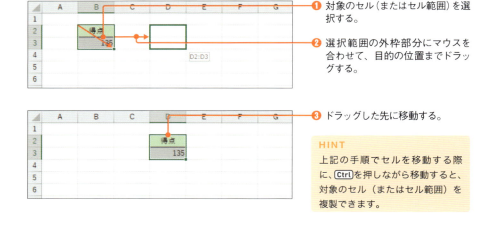

❶ 対象のセル（またはセル範囲）を選択する。

❷ 選択範囲の外枠部分にマウスを合わせて、目的の位置までドラッグする。

❸ ドラッグした先に移動する。

HINT
上記の手順でセルを移動する際に、Ctrlを押しながら移動すると、対象のセル（またはセル範囲）を複製できます。

使えるプロ技！　キー操作でデータを移動・複製する

　「切り取り」と「貼り付け」のショートカットキーを使用すれば、マウスを使うことなく、キー操作だけでセルを移動できます。具体的には、対象のセル（またはセル範囲）を選択してCtrl+Xを押し、移動先のセルを選択してCtrl+Vを押します。

　同様に、「コピー」と「貼り付け」のショートカットキーを使用すれば、マウスを使うことなく、キー操作だけでセルを複製できます。具体的には、対象のセル（またはセル範囲）を選択してCtrl+Cを押し、複製先のセルを選択してCtrl+Vを押します。

　キー操作に慣れてきたら、なるべくマウスは使わず、キー操作のみで作業を進めるようにしてください。そのほうが効率よく操作することが可能です。

08 別のセルの間にデータを移動する

挿入モードでデータを移動する

　セル（またはセル範囲）を普通に移動・複製した場合、対象のセルに元のセルが上書きされるため、もともと複製先にあったデータは失われます。しかし、ここで紹介する方法を利用すれば、セルとセルの間にデータを挿入、または複製することが可能です。

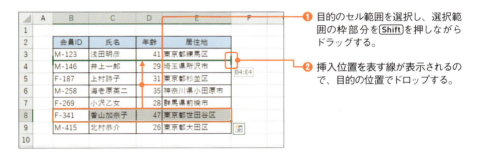

❶ 目的のセル範囲を選択し、選択範囲の枠部分を Shift を押しながらドラッグする。

❷ 挿入位置を表す線が表示されるので、目的の位置でドロップする。

❸ ドロップした位置に対象のセル範囲が挿入される（移動する）。

　なお、セルの移動ではなく、コピー（複製）を行いたい場合は、 Shift + Ctrl を押しながらドラッグします。そうすると、移動時と同様にドラッグした先に挿入位置を示す線が表示されるので、目的の位置でドロップします。すると、線で示された位置に、対象のセルが複製されます。

Data Entry & Data Compilation Techniques　　　　　　　　　　　　　　　　　Sample_Data/02-09/

09　データを複数箇所に貼り付ける

コピーデータを蓄積する

　日常の作業の中で、同じセルを、繰り返し何箇所にもコピーしたい場合があります。さらに、そのようなセルが1箇所だけではなく、複数箇所ある場合も考えられます。

　このようなときに、[クリップボード]作業ウインドウを利用すると、複数のセル範囲のコピーを蓄積し、何度でも好きな場所へ貼り付けることができて便利です。

❶ [ホーム]タブ→[クリップボード]グループのダイアログボックス起動ツールをクリックする。

❷ [クリップボード]作業ウインドウが表示される。

❸ 繰り返し使用したいセル範囲を選択して、コピーする。

❹ コピーしたデータが蓄積される。

❺ 同様に、他のセル範囲もコピーしていく(最大24個)。

使えるプロ技! クリップボードの[オプション]ボタン

　クリップボードの最下部にある[オプション]ボタンをクリックすると、クリップボードに関するさまざまな項目を設定できます。例えば、[Ctrl]+[C]を2回押してOfficeクリップボードを表示]を有効にすると、[Ctrl]+[C]を2回連続して押すだけでクリップボードを起動できます。ここには、他にもいくつかの設定項目が用意されているので、頻繁に利用する人は一度確認してみてください。

蓄積されたデータを貼り付ける

［クリップボード］作業ウインドウに蓄積されたデータを貼り付けるには、目的のコピーデータをクリックします。

❶ セルD6を選択する。

❷ 貼り付けたいデータをクリックする。

❸ 選択したセルにデータが貼り付けられる。

なお、この状態で［すべて貼り付け］ボタンをクリックすると❹、コピーした3つのセル範囲が縦に並んで貼り付けられます。このボタンでのデータの貼り付けられ方は、クリップボードの内容によっても異なるので注意が必要です。

クリップボードの内容をクリアする

クリップボードに不要なデータが蓄積されてしまった場合は、その内容をクリアすることも可能です。まずは特定のデータをクリアしてみましょう。

❶ クリップボードの目的のデータにマウスポインターを合わせる。

❷ ［▼］→「削除」をクリックする。

また、クリップボード内のすべてのデータをクリアすることもできます。

❶ ［すべてクリア］ボタンをクリックする。

10 セルのデータのみを複製する

値を貼り付ける

　セルを選択後、Ctrl＋C→Ctrl＋Vを実行してデータをコピー＆ペーストすると、**通常はデータだけでなく、コピー元のセルに設定されている書式もいっしょに貼り付けられます**。貼り付け先のセルに設定されている書式をそのまま利用し、データのみを貼り付けるには次の手順を実行します。

❶ セルを選択してCtrl＋Cを押し、コピーする。

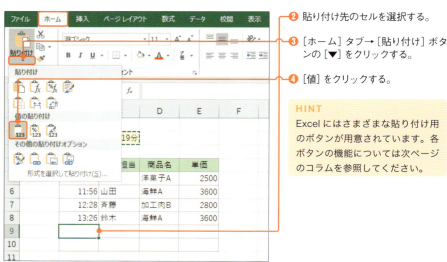

❷ 貼り付け先のセルを選択する。

❸ ［ホーム］タブ→［貼り付け］ボタンの［▼］をクリックする。

❹ ［値］をクリックする。

> **HINT**
> Excelにはさまざまな貼り付け用のボタンが用意されています。各ボタンの機能については次ページのコラムを参照してください。

	A	B	C	D	E	F
1						
2		受付時刻	14時19分			
3						
4		受付時刻	受付担当	商品名	単価	
5		11:34	鈴木	洋菓子A	2500	
6		11:56	山田	海鮮A	3600	
7		12:28	斉藤	加工肉B	2800	
8		13:26	鈴木	海鮮A	3600	
9		14:19				
10			(Ctrl)▼			
11						

❺ 書式は変更されず、データだけが貼り付けられる。

　なお、コピー元のセルを選択後、その**枠部分**をマウスの右ボタンで貼り付け先までドラッグして、表示されるメニューから［ここに値のみをコピー］を選ぶことでも、値だけをコピーすることができます。値のみの貼付けを頻繁に行う場合は、この方法が便利なのでぜひ覚えておいてください。

Column さまざまな貼り付け

　Excelにはさまざまな貼り付け方法が用意されています。用途や目的に応じて適切な機能を利用してください。貼り付け機能を習得すると、作業効率が格段に向上します。

● Excelに用意されている貼り付け機能一覧

名 前	説 明
貼り付け	元のデータと書式をそのまま貼り付けます。
数式	元のデータだけを貼り付けます。
数式と数値の書式	元のデータと表示形式を貼り付けます。
元の書式を保持	データを元の書式ごと貼り付けます。
罫線なし	データと罫線を除く書式を貼り付けます。
元の列幅を保持	元のデータを書式と列幅も含めて貼り付けます。
行/列の入れ替え	行と列を入れ替えて貼り付けます。
値	値または数式の結果だけを貼り付けます。
値と数値の書式	値または数式の結果と表示形式を貼り付けます。
値と元の書式	値または数式の結果を書式ごと貼り付けます。
書式設定	書式設定だけを貼り付けます。
リンク貼り付け	コピー元のセルを参照する数式を挿入します。
図	コピー元のセル範囲を画像として貼り付けます。
リンクされた図	コピー元にリンクする画像として貼り付けます。

11 セルの書式のみを複製する

書式を貼り付ける

前項とは逆に、貼り付け先のデータはそのまま残し、コピー元の書式だけを貼り付けることも可能です。この手順としては、前項の値の貼り付けと同様に、[ホーム] タブ→ [貼り付け] の [▼] をクリックして、[書式設定] を選ぶ方法もありますが、ここではもっと簡単な方法を紹介します。

❶ Ctrl + C を押して、書式をコピーしたいセル範囲を選択する。

❷ [ホーム] タブ→ [書式のコピー/貼り付け] ボタンをクリックする。

HINT
コピー元のセルを選択後、その枠部分をマウスの右ボタンで貼り付け先までドラッグして、表示されるメニューで [ここに書式のみをコピー] を選ぶ、という方法もあります。

❸ 書式を貼り付けたいセルをクリックすると、コピー元の書式だけが貼り付けられる。

なお、この方法では、1回書式を貼り付けるとコピー状態は解除されます。同じ書式を何箇所にも貼り付けたい場合は、最初に [書式のコピー/貼り付け] ボタンをダブルクリックします。複数箇所に書式を貼り付けた後、Esc を押せば、コピー状態が解除されます。

12 行と列を入れ替える

表の行/列は簡単に入れ替えられる

　表の行と列を入れ替えたい場合にも、「コピー」と「貼り付け」が利用できます。ここでは、B2：E5 のセル範囲の表の行と列を入れ替えて、セル B7 を左上端とするセル範囲に貼り付けてみましょう。

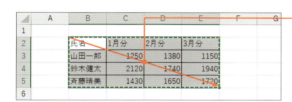

❶ セル範囲を選択して、Ctrl+Cを押して、コピーする。

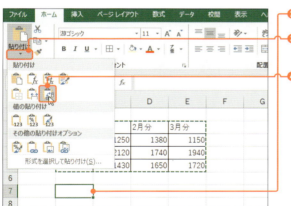

❷ 貼り付けたいセルを選択する。

❸ ［ホーム］タブ→［貼り付け］ボタンの［▼］をクリックする。

❹ ［行列を入れ替える］をクリックする。

❺ 表の行と列が入れ替えた形で貼り付けられる。

13 列幅をコピーする

列幅を維持したままデータを貼り付ける

同じような構成の表を複数作成し、列幅をすべて同じにしたい場合、==1つ1つ幅を変更していくのは面倒==です。すでに設定済みの表がある場合は、その列幅ごとコピー・貼り付けするのが簡単な方法です。

ここでは、セル範囲 B2:E2 の表の列見出し部分を、セル範囲 G2:J2 の表に列幅ごとコピーします。

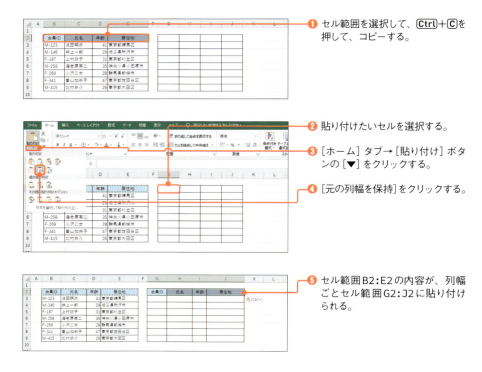

❶ セル範囲を選択して、Ctrl+Cを押して、コピーする。

❷ 貼り付けたいセルを選択する。

❸ [ホーム] タブ→ [貼り付け] ボタンの [▼] をクリックする。

❹ [元の列幅を保持] をクリックする。

❺ セル範囲B2:E2の内容が、列幅ごとセル範囲G2:J2に貼り付けられる。

なお、内容はコピーせず、**列幅だけをコピーしたい場合**は、該当する列の何も入力されていないセル範囲を選択し、やはり何も入力されていないセル範囲に貼り付ける、という方法が最も簡単です。

Data Entry & Data Compilation Techniques　　　　　　　　　　　Sample_Data/02-14/

14 貼り付け先の値を利用して計算する

既存のデータを用いた四則演算

「コピー」と「貼り付け」機能は、<mark>セルに入力されている数値を、一定の法則で別の数値に変更したい場合</mark>にも利用できます。例えば、税別の金額を一括処理で税込みの金額に変更する、といった処理が可能です。

ここでは、セル範囲 D3:D7 に入力されている税別価格を税込価格に一括変換してみましょう。

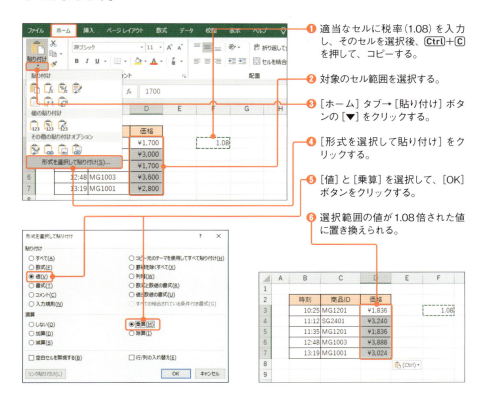

❶ 適当なセルに税率（1.08）を入力し、そのセルを選択後、Ctrl+C を押して、コピーする。

❷ 対象のセル範囲を選択する。

❸ [ホーム] タブ→[貼り付け] ボタンの [▼] をクリックする。

❹ [形式を選択して貼り付け] をクリックする。

❺ [値] と [乗算] を選択して、[OK] ボタンをクリックする。

❻ 選択範囲の値が 1.08 倍された値に置き換えられる。

同様の手順で、選択範囲の数値に対して、加算・減算・除算も実行可能です。

15 上の行と同じデータを簡単に入力する

下方向へ値をコピーする

上の行のセルに入力されているデータを下の行にコピーするには、Ctrl+Dを押します。

単独のセルだけでなく、セル範囲に対しても、同様に上のセルのデータをコピーできます。その場合は、コピー元のセルも含めて選択します。

左側のセルに入力されているデータをコピーしたい場合は、Ctrl+Rキーを押します。なお、これらの操作は［ホーム］タブ→［フィル］→［下方向へコピー］、または［右方向へコピー］を選ぶのと同じです。このメニューからは［上方向へコピー］や［左方向へコピー］も実行できます。

16 データを選んで入力する

リストから選択する

同じ列にすでに入力されているデータの中のいずれかと同じデータを入力したい場合、ドロップダウンリストに入力済みデータの一覧を表示して、その中から選んで入力することが可能です。

	A	B	C	D	E	F	G
1							
2		時刻	商品ID	価格			
3		10:25	MG1201	¥1,700			
4		11:12	SG2401	¥3,000			
5		11:35	MG1001	¥2,800			
6		12:48	MG1003	¥3,600			
7		13:19					
8							

❶ 入力対象のセルを選択して、[Alt]+[↓]を押す。

	A	B	C	D	E	F	G
1							
2		時刻	商品ID	価格			
3		10:25	MG1201	¥1,700			
4		11:12	SG2401	¥3,000			
5		11:35	MG1001	¥2,800			
6		12:48	MG1003	¥3,600			
7		13:19					
8			MG1001				
9			MG1003				
10			MG1201				
			SG2401				

❷ 表示されるリストから、入力したい項目を選択する。

HINT
リストの表示順はアルファベット順、あいうえお順です。入力順ではないので注意してください。入力値の種類が多い場合はリストが長くなります。

使えるプロ技！ 事前に登録した選択肢から選ぶ

あらかじめ用意しておいた選択肢をリストに表示して、その中から選んで入力したい場合は、「データの入力規則」の「リスト」の機能を利用します（p.94）。この機能を利用すれば、事前に決めておいた値しか入力できなくなるため、意図しないデータや不適切なデータが入力されることを未然に防ぐことができます。

17 データを一連のセル範囲にコピーする

オートフィルでコピーする

　入力済みのデータや数式を連続するセル範囲にコピーするには、「オートフィル」の機能を利用する方法が便利です。オートフィル機能を利用すれば、隣の列にデータが入力済みの場合に、入力する範囲を自動的に判定させてコピーすることも可能です。

❶ コピー元のセルを選択して、右下の点（フィルハンドル）を下方向へドラッグする。

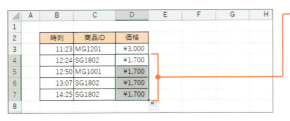

❷ データがコピーされる。

　ここでは下方向へドラッグしましたが、上や左右のセル範囲にオートフィルでコピーすることも可能です。また、隣の列にもデータが入力されている場合は、以下のようにダブルクリックするだけでデータを入力することも可能です。

フィルハンドルをダブルクリックする。

自動的にデータが入力される。

18 連続番号を瞬時に入力する

オートフィルで連続番号を入力する

オートフィルでは、基準のセルに入力された数値から、1ずつ増加していく連続番号を自動的に入力することも可能です。ここでは、セル範囲B3:B7に1～5の数値を入力してみましょう。

❶ 先頭のセルに「1」と入力し、このセルを選択する。

❷ フィルハンドルを、Ctrlを押しながら下方向へドラッグする。

❸ 1ずつ増える連続データが入力される。

HINT
同様の操作で右方向へCtrl+オートフィルしても、1ずつ増える連続データを入力できます。

一方、文字列のデータをオートフィルすると、Ctrlを押していなくても、その数字部分が自動的に1ずつ増加します。

❶ 先頭のセルに「GS-001」と入力し、このセルを選択する。

❷ フィルハンドルを下方向へドラッグすると、数字部分が1ずつ増える連続データが入力される。

19 一定間隔の連続番号を入力する

増減量を指定してオートフィルを実行する

Ctrl+オートフィルでは、増加する間隔は常に「1」ですが（前項を参照）、異なる間隔で増減する連続データを入力したい場合もあると思います。このようなときは、連続データを入力したい範囲の先頭の2つのセルに==基準となる数値==を入力します。

ここでは、3からはじまって5ずつ増加する数値を入力してみます。

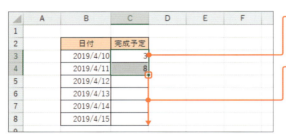

❶ 先頭のセルに「3」、2番目のセルに「8」と入力し、この2つのセル範囲を選択する。

❷ 右下のフィルハンドルを下方向へドラッグする。

❸ 5ずつ増加する連続データが入力される。

> **HINT**
> 2番目のセルの値が最初のセルの値より小さい場合は、その間隔だけ減少していく連続データになります。

🖐使えるプロ技！ 上方向へオートフィルを実行する

オートフィルを実行する際にドラッグする「フィルハンドル」（セルの右下に表示されるハンドル）は、下方向や右方向だけでなく、上方向や左方向にドラッグすることも可能です。たとえば、上図のケースにおいて、フィルハンドルを上方向にドラッグすると、下から上に向かって、8→3→−2→−7……というデータが入力されます。オートフィル機能で自動入力したい値に応じて、基準値を上手に設定すれば、効率よくデータを入力できるようになります。

上限値を指定して連続番号を自動入力

　最初の1つの数値のみをセルに入力し、ダイアログでその基準値から変動する値を指定して、連続データを自動入力することも可能です。

　ここでは、1からはじまり、7ずつ増えていく連続データを自動入力する方法を紹介します。ただし、この数字は「日」を表しているので、31より大きい数字は入力されないようにします。

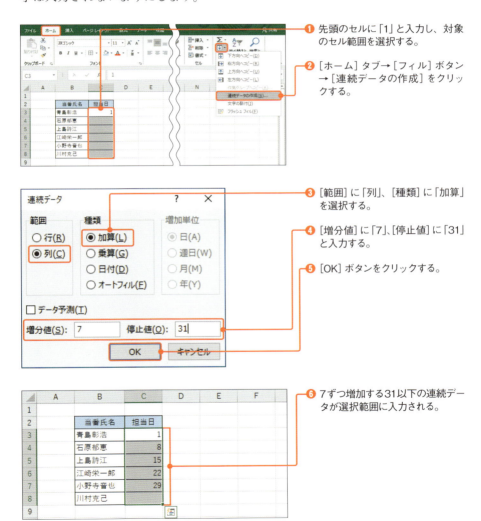

❶ 先頭のセルに「1」と入力し、対象のセル範囲を選択する。

❷ [ホーム]タブ→[フィル]ボタン→[連続データの作成]をクリックする。

❸ [範囲]に「列」、[種類]に「加算」を選択する。

❹ [増分値]に「7」、[停止値]に「31」と入力する。

❺ [OK]ボタンをクリックする。

❻ 7ずつ増加する31以下の連続データが選択範囲に入力される。

中間のデータを埋める

「連続データ」の機能を応用して、先頭から末尾までの各セルに段階的に変化する連続データを埋めることもできます。この方法では、先頭セルと末尾セルの値の差を、2番目から末尾までのセル数で割った値を、自動的に増分値に指定できます。

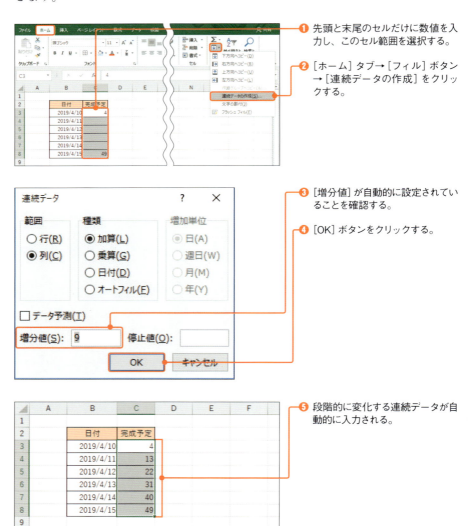

❶ 先頭と末尾のセルだけに数値を入力し、このセル範囲を選択する。

❷ [ホーム] タブ→ [フィル] ボタン→ [連続データの作成] をクリックする。

❸ [増分値] が自動的に設定されていることを確認する。

❹ [OK] ボタンをクリックする。

❺ 段階的に変化する連続データが自動的に入力される。

20 日付を一定の間隔で自動入力する

日付の連続データを入力する

　Excelの日付データは数値の一種ですが、通常の数値とは異なり、1つのセルに入力した日付データをオートフィルすると、1日ずつ増加していく連続データになります。

❶ 先頭のセルに日付を入力して、右下のフィルハンドルを下方向へドラッグする。

❷ 日付が1日ずつ増加する連続データが入力される。

HINT
日付を自動入力するには、セルの表示形式が「日付」であることが必要です（p.106）。

使えるプロ技！　同じ日付を入力する

　一連のセルに同じ日付をコピーしたい場合は、Ctrlを押しながらフィルハンドルをドラッグします。また、一定の間隔で日付の連続データを入力したい場合は、1番目と2番目のセルに異なる日付を入力し、この2つのセルを選択してオートフィルを実行します。この場合は数値と同様、その2つの日付の差の分だけ増減する日付が、それ以降のセルに自動的に入力されます。

21 平日だけの連続データを入力する

平日と休日を自動判定する

　対象が日付データの場合、日や月、年といった単位を指定して、連続データを自動入力することができます。日単位の場合、土曜日と日曜日を除く平日だけの連続データにすることも可能です。

　ここでは、2019年4月10日からはじまる平日だけの連続データを入力してみましょう。

❶ 先頭のセルに最初の日付を入力し、マウスの右ボタンを押しながら、フィルハンドルを下方向へドラッグする。

HINT
通常のドラッグ操作ではマウスの左ボタンを押しながらドラッグしますが、ここでは右ボタンを押す点に注意してください。

❷ 右ボタンをはなして、[連続データ（週日単位)] をクリックする。

❸ 土日を除く日付の連続データが入力される。

　なお、対象が日付データであれば、[ホーム] タブ→[フィル] ボタン→[連続データ] をクリックした際に表示される [連続データ] ダイアログでも、こうした日付の単位を指定して連続データを入力することが可能です。

22 独自の連続データを入力する

文字列の連続データを入力する

文字列が入力されたセルをオートフィルすると、通常は単なるコピーになります。また、数字が含まれている文字列の場合は、数字部分だけが1ずつ増加していく連続データになります（p.69）。

一方、曜日のような==連続性のある文字列==をオートフィルすると一連のデータを自動入力できます。

❶ 先頭のセルに「火」と入力して、右下のフィルハンドルをドラッグする。

❷ 曜日を表す1文字の連続データが入力される。

HINT
Excelが自動判定できる文字列にどのようなものがあるのかは、以下で解説する「ユーザー設定リスト」で確認できます。

ユーザー設定リストに登録する

上記で紹介した「曜日」のような連続データは、あらかじめExcelの「ユーザー設定リスト」に登録されているものです。==ユーザー設定リストには、みなさん独自のオリジナルの連続データを登録することも可能==です。

オリジナルのユーザー設定リストを作成するには次の手順を実行します。

❶ [ファイル] タブ→ [オプション] をクリックする。

❷ [Excelのオプション] ダイアログで [詳細設定] をクリックする。

❸ 「ユーザー設定リストの編集」をクリックする。

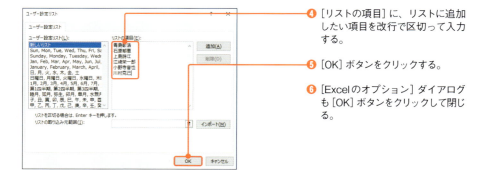

❹ [リストの項目] に、リストに追加したい項目を改行で区切って入力する。

❺ [OK] ボタンをクリックする。

❻ [Excelのオプション] ダイアログも [OK] ボタンをクリックして閉じる。

なお、[ユーザー設定リスト] ダイアログで、[リストの取り込み元範囲] にセル範囲を指定して [インポート] ボタンをクリックすると、そのセル範囲のデータを取り込めます。

また、複数のリストを続けて登録したい場合は、[OK] ボタンではなく、[追加] ボタンをクリックして、新しいリストを入力します。

ユーザー設定リストの登録内容を自動入力する

それでは、ユーザー設定リストに登録したデータを、オートフィルで入力してみましょう。

❶ ユーザー設定リストに登録したデータのうちの1つを入力して、フィルハンドルを下方向へドラッグする。

HINT
ユーザー設定リストにデータを登録する方法については、p.76 を参照してください。

❷ 登録したリストのデータが連続データとして自動入力される。

HINT
リストに登録した項目の末尾までオートフィルで入力したら、その次のセルでは先頭の項目に戻り、再び連続データが入力されます。

使えるプロ技！ 順番を変えて自動入力するテクニック

ユーザー設定リストに登録されているデータは、先頭の２つのセルの指定方法を工夫することで、登録した順番とは少し変えて入力することも可能です。例えば、次のようにして入力すると、リストの項目を１つ飛ばした順番で入力することができます。

 ▶

最初のセルに１番目の項目、２番目のセルに３番目の項目を入力して、フィルハンドルをドラッグする。

登録したリストのデータが１つ飛ばした順番で自動入力される。

Data Entry & Data Compilation Techniques　　　　　　　　　　　　　Sample_Data/02-23/

23　規則に従ったデータを自動入力する

フラッシュフィルで自動入力する

　最初に入力した1つ、または複数のデータから Excel に規則性を推測させて、残りのセルに「同じ規則に基づくデータ」を自動入力させることができます。

　ここでは、「店名」列に入力された「○○店」の文字列から、自動的に「所在地」として「○○市」と表示させてみましょう。

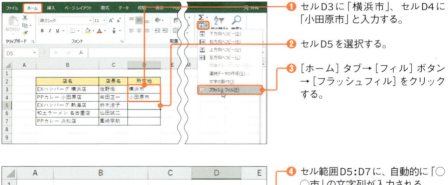

❶ セルD3に「横浜市」、セルD4に「小田原市」と入力する。

❷ セルD5を選択する。

❸ [ホーム] タブ→ [フィル] ボタン→ [フラッシュフィル] をクリックする。

❹ セル範囲D5:D7に、自動的に「○○市」の文字列が入力される。

HINT
この例では、同じ行のB列のセルの文字列から、半角スペースと「店」の間の文字列を取り出し、「市」を付けるという規則で自動入力されます。

　ただし、この規則性はあくまでも推測なので、データによっては意図した通りに推測されない可能性もあります。例えば、次のような順番でデータが並んでいる場合、先頭の2つのセルに入力してフラッシュフィルを実行しても、市の名前が正しく取り出せません。

78

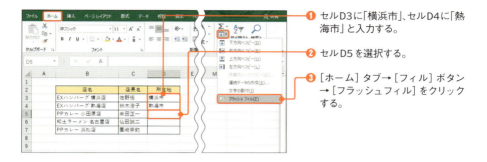

❶ セルD3に「横浜市」、セルD4に「熱海市」と入力する。

❷ セルD5を選択する。

❸ [ホーム] タブ → [フィル] ボタン → [フラッシュフィル] をクリックする。

❹ セル範囲D5:D7に自動入力されるが、適切な市名にはならない。

HINT
この例では、同じ行のB列のセルの文字列から、半角スペースの後の文字と「店」の前の文字を取り出し、「市」を付けるという規則で自動入力されます。

なお、データの内容によっては、最初の2つ程度のセルにデータを入力した段階で自動的にフラッシュフィルが働き、それ以降の入力候補が薄く表示される場合があります。この状態で Enter を押せば、表示された候補がそのままセル範囲に入力されます。

使えるプロ技！ セルの値を複数セルに一括コピーする

1つのセルをコピーして、貼り付け先に複数のセル（またはセル範囲）を選択した場合、選択したすべてのセルに、コピー元のセルの書式とデータが一括で貼り付けられます。なお、下図では連続したセル範囲を指定していますが、Ctrl を押しながら選択した複数の領域に対しても、同様に貼り付けることが可能です。

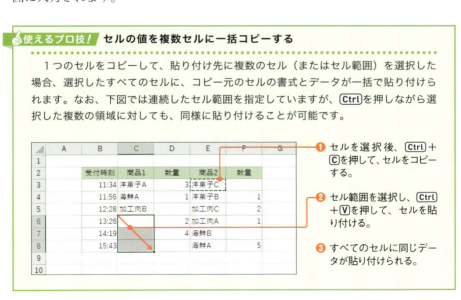

❶ セルを選択後、Ctrl + C を押して、セルをコピーする。

❷ セル範囲を選択し、Ctrl + V を押して、セルを貼り付ける。

❸ すべてのセルに同じデータが貼り付けられる。

24 空白セルを挿入して表を広げる

表に空白の行を挿入する

作成済みの表の途中に別のデータを追加したい場合、**空白のセル**を挿入することができます。ここでは、表の範囲に空白行を追加しましょう。

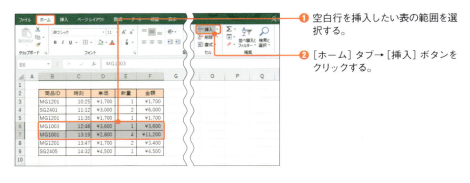

❶ 空白行を挿入したい表の範囲を選択する。

❷ ［ホーム］タブ→［挿入］ボタンをクリックする。

❸ 選択範囲に空白セルが挿入されて、既存のセルは下方向へずれる。

なお、この操作で元のセルがずれる（シフトする）方向は、選択範囲の形状によって異なります。選択範囲の列数が行数以上の場合、元のセルは下方向へシフトします。一方、選択範囲の列数が行数未満の場合、元のセルは右方向へシフトします。

シフトの方向を指定して挿入する

元のセルをシフトする方向を指定して空白セルを挿入することも可能です。

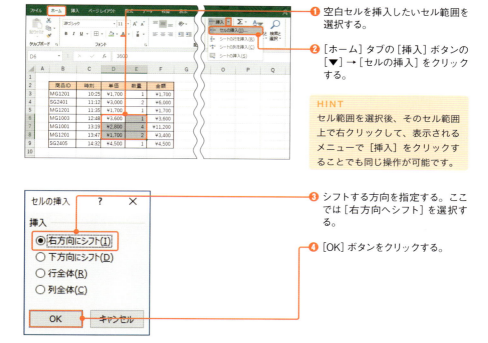

❶ 空白セルを挿入したいセル範囲を選択する。

❷ [ホーム] タブの [挿入] ボタンの [▼] → [セルの挿入] をクリックする。

HINT
セル範囲を選択後、そのセル範囲上で右クリックして、表示されるメニューで [挿入] をクリックすることでも同じ操作が可能です。

❸ シフトする方向を指定する。ここでは [右方向へシフト] を選択する。

❹ [OK] ボタンをクリックする。

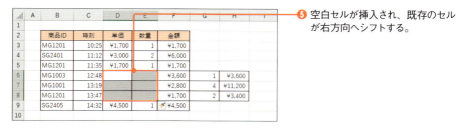

❺ 空白セルが挿入され、既存のセルが右方向へシフトする。

使えるプロ技！ 行全体、または列全体に空白を挿入する方法

[挿入] ボタンの [▼] → [シートの行を挿入] をクリックすると、選択範囲を含む行全体に空白行が挿入されます。

また、[挿入] ボタンの [▼] → [シートの列を挿入] をクリックすると、選択範囲む列全体に空白列が挿入されます。

Data Entry & Data Compilation Techniques　　　　　　　　　　　　　　Sample_Data/02-25/

25　不要なセルを消して表を詰める

表の列を削除する

　前項で解説した行や列の挿入とは逆に、不要なセルを削除して、その分、下側または右側のセルをその位置へシフトすることも可能です。ここでは、表の1列分を削除します。

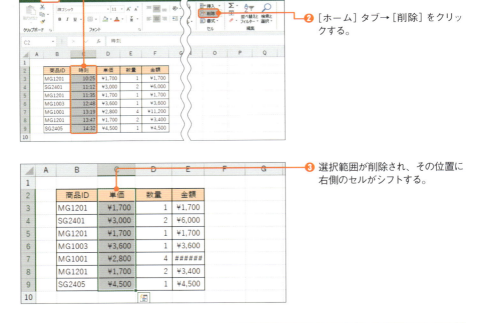

❶ 削除したい表の列を選択する。

❷ ［ホーム］タブ→［削除］をクリックする。

❸ 選択範囲が削除され、その位置に右側のセルがシフトする。

　なお、この操作で削除されたセルの位置に、下側または右側のどちらのセルがシフトしてくるかは、選択範囲の形状によって異なります。選択範囲の列数が行数以上の場合、下側のセルが削除された位置へシフトします。一方、選択範囲の列数が行数未満の場合、右側のセルが削除された位置へシフトします。

シフトの方向を指定して削除する

シフトする方向を指定してセル範囲を削除することも可能です。

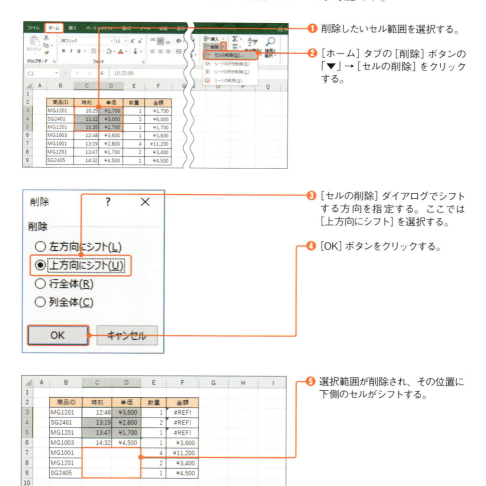

❶ 削除したいセル範囲を選択する。

❷ [ホーム] タブの [削除] ボタンの「▼」→ [セルの削除] をクリックする。

❸ [セルの削除] ダイアログでシフトする方向を指定する。ここでは [上方向にシフト] を選択する。

❹ [OK] ボタンをクリックする。

❺ 選択範囲が削除され、その位置に下側のセルがシフトする。

> **使えるプロ技！** 行全体、または列全体を削除する方法
>
> [削除] ボタンの [▼] → [シートの行を削除] をクリックすると、選択範囲を含む行全体が削除されます。
> また、[削除] ボタンの [▼] → [シートの列を削除] をクリックすると、選択範囲む列全体が削除されます。

26 セル範囲のデータをすべて消す

データだけを消去する

　セルに入力したデータが不要な場合、==そのデータ（値）のみを削除することもできますし、書式設定も含めてすべてを消去することも可能==です。

　まずは、データのみ消去する方法を解説します。

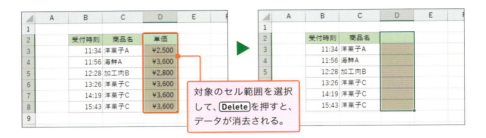

対象のセル範囲を選択して、Deleteを押すと、データが消去される。

データと書式をすべて消去する

　データだけでなく、セルに設定されている書式も消去するには、次のようにします。

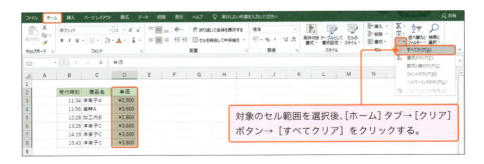

対象のセル範囲を選択後、[ホーム] タブ→ [クリア] ボタン→ [すべてクリア] をクリックする。

　なお、[クリア] ボタンからはこの他にも、対象の範囲の書式やコメント、ハイパーリンクをクリアすることが可能です。また、ここに用意されている [数式と値] は、上記のDeleteを押した場合と同じ結果になります。

27 必要なセルをすばやく見つける

セルを1つずつ検索する

　ブック内のデータ量が多くなると、目的のデータがどこにあるかよくわからなくなってしまうことがあるかもしれません。このようなときは==検索機能==を使って目的のデータを探します。

　ここでは、商品IDに「SG」が含まれているセルを検索してみましょう。

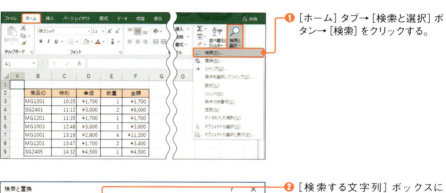

❶ [ホーム]タブ→[検索と選択]ボタン→[検索]をクリックする。

❷ [検索する文字列]ボックスに「SG」と入力する。

❸ [次を検索]ボタンをクリックする。

❹ 「SG」という文字列を含むセルが選択される。

❺ 別のセルも検索したい場合は、さらに「次を検索」をクリックする。

なお、この［検索と置換］ダイアログは、検索してセルが見つかっても、自動的には閉じません。このダイアログを表示した状態のまま、セルを操作することも可能です。必要な検索作業が終わったら、［閉じる］ボタン、またはダイアログの右上にある［×］ボタンをクリックして閉じてください。

目的のセルをすべて検索する

　次に、目的の文字列を含むセルをすべて検索します。ここでは、「東京都」を含むセルをすべて検索しましょう。

❶ ［検索と置換］ダイアログを表示して（p.85）、［検索する文字列］ボックスに「東京都」と入力する。

❷ ［すべて検索］ボタンをクリックする。

❸ ダイアログ下部に「東京都」を含むすべてのセルの情報が表示されるので、対象の行をクリックする。

❹ 選択した行に該当するセルが選択される。

❺ Ctrl＋Aを押すと、検索結果に含まれているすべてのセルが選択される。

HINT
［オプション］ボタンをクリックすると、検索方法をより細かく設定することも可能です。

Data Entry & Data Compilation Techniques　　　　　　　　　　Sample_Data/02-28/

28 書式を指定して検索する

Excelでは文字以外でも検索できる

[検索と置換]ダイアログでは、文字列だけでなく、書式を指定してセルを検索することも可能です。ここでは「背景色に薄い青が設定されたセル」を検索してみましょう。

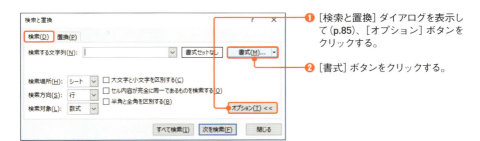

❶ [検索と置換]ダイアログを表示して(p.85)、[オプション]ボタンをクリックする。

❷ [書式]ボタンをクリックする。

❸ [塗りつぶし]タブをクリックして、[背景色]に薄い青を選択する。

❹ [OK]ボタンをクリックする。

HINT
[書式の検索]ダイアログでは、塗りつぶしだけでなく、[フォント]や[罫線][表示形式]などを指定してデータを検索することも可能です。

❺ [検索と置換]ダイアログに戻ったら、[次を検索]ボタンをクリックする。

❻ 背景色に薄い青色が設定されているセルが検索される。

87

29 データを置換する

1つずつ確認して置換する

入力済みのデータの中に、同じ間違いをしているセルが複数ある場合、手作業で1つ1つ修正していくのは非効率的です。このようなときは、置換機能を利用して間違いの部分を自動的に修正します。

ここではまず、「山田」という名前を1つずつ確認しながら「山口」に置換していく方法を紹介します。

❶ [ホーム] タブ→ [検索と選択] → [置換] をクリックする。

❷ [検索する文字列] ボックスに「山田」、[置換後の文字列] ボックスに「山口」と入力する。

❸ [次を検索] ボタンをクリックする。

❹ 「山田」を含むセルが選択される。

❺ 修正する場合は [置換] ボタンをクリックする。

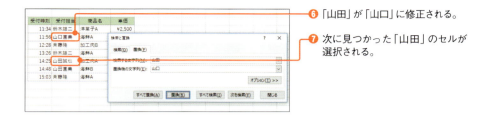

❻「山田」が「山口」に修正される。

❼ 次に見つかった「山田」のセルが選択される。

> 📝 **Memo**
>
> 修正せずに次の該当セルを検索したい場合は、[置換] ボタンではなく [次を検索] ボタンをクリックします。同様に、検索と置換を繰り返していきます。

一括で置換する

セルの内容を個別に確認せず、すべてを一括で修正するには次の手順を実行します。ここでは、「海鮮」を一括で「海産物」に修正します。

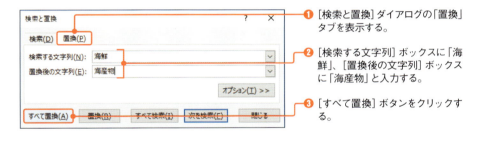

❶ [検索と置換] ダイアログの [置換] タブを表示する。

❷ [検索する文字列] ボックスに「海鮮」、[置換後の文字列] ボックスに「海産物」と入力する。

❸ [すべて置換] ボタンをクリックする。

❹ すべての「海鮮」が一括で「海産物」に置換される。

❺ 置換された件数が表示されるので、[OK] ボタンをクリックして閉じる。

なお、[検索と置換] ダイアログは、一括置換を実行しても自動的には閉じません。ダイアログでの作業が終わったら、[閉じる] ボタン、または [×] ボタンをクリックして閉じます。

30 特定色のセルを一括で変更する

書式を一括置換する

　置換機能では、データを一括で変更できるだけでなく、書式を検索して該当するセルの値を変更したり、検索したセルの書式を別の書式に変更したりといったことが可能です。また、書式とデータを組み合わせて検索したり、別の書式とデータの組み合わせに変更したりすることもできます。

　ここでは、薄い青色が設定されているセルを検索し、そのセルのフォントスタイルを「太字」に変更する方法を紹介します。

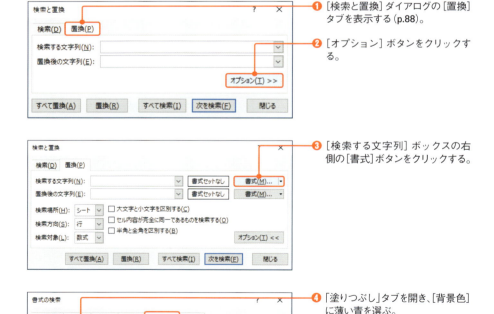

❶ [検索と置換]ダイアログの[置換]タブを表示する（p.88）。

❷ [オプション]ボタンをクリックする。

❸ [検索する文字列]ボックスの右側の[書式]ボタンをクリックする。

❹ 「塗りつぶし」タブを開き、[背景色]に薄い青を選ぶ。

❺ [OK]ボタンをクリックする。

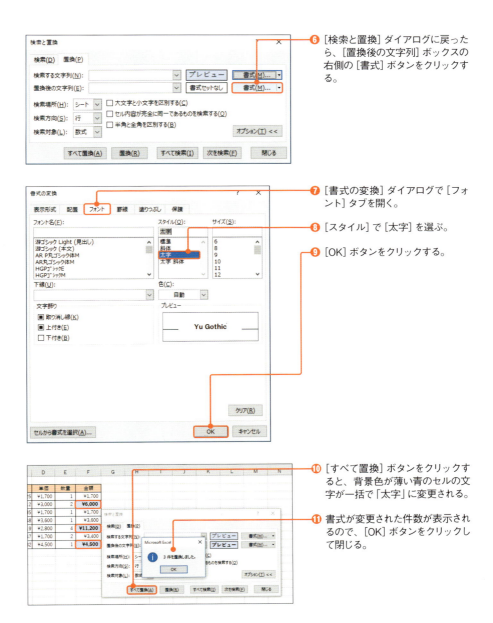

　[検索する文字列]に指定した検索条件と、[置換後の文字列]に指定した置換内容が大きく異なる点に注目してください。今回の例では、セルの背景色を対象に検索をし、その検索結果に合致するセルのフォントを変更しています。このテクニックを利用すれば、データをさまざまな書式に加工できます。

31 不適切なデータの入力を禁止する

「5」以上の整数のみ入力可能にする

　各セルに入力するデータの種類が、あらかじめ決まっている場合は、<mark>セルに入力できるデータの値や種類を制限すること</mark>で、ミスを防ぎ、作業を効率化することができます。入力可能なデータを制限するには、「<mark>データの入力規則</mark>」を使用します。

　ここでは、E列のセル（数量）に「5」以上の整数しか入力できないように入力データを制限します。

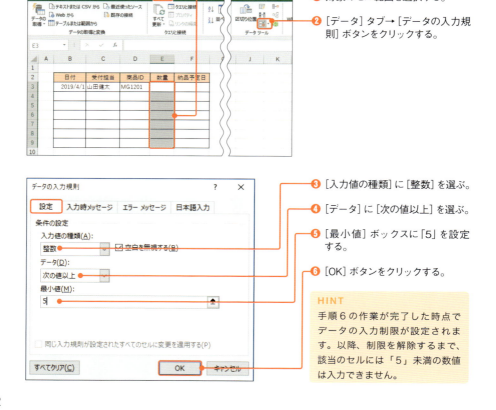

❶ 対象のセル範囲を選択する。

❷ [データ] タブ→ [データの入力規則] ボタンをクリックする。

❸ [入力値の種類] に [整数] を選ぶ。

❹ [データ] に [次の値以上] を選ぶ。

❺ [最小値] ボックスに「5」を設定する。

❻ [OK] ボタンをクリックする。

HINT
手順6の作業が完了した時点でデータの入力制限が設定されます。以降、制限を解除するまで、該当のセルには「5」未満の数値は入力できません。

❼ 対象のセルに「5」未満のデータを入力して[Enter]を押すと、エラーになる。

一定期間の日付だけを入力可能にする

　データの入力規制機能では「セルの参照」や「数式」を指定することも可能です。次の例では、「納品予定日」の各セルに「同じ行のB列のセルに入力された日付以降、その翌月の末日までの日付」しか入力できないように設定しています。

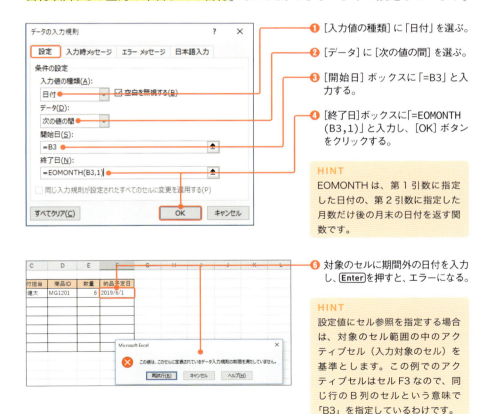

❶ [入力値の種類]に「日付」を選ぶ。

❷ [データ]に[次の値の間]を選ぶ。

❸ [開始日]ボックスに「=B3」と入力する。

❹ [終了日]ボックスに「=EOMONTH(B3,1)」と入力し、[OK]ボタンをクリックする。

HINT
EOMONTHは、第1引数に指定した日付の、第2引数に指定した月数だけ後の月末の日付を返す関数です。

❺ 対象のセルに期間外の日付を入力し、[Enter]を押すと、エラーになる。

HINT
設定値にセル参照を指定する場合は、対象のセル範囲の中のアクティブセル（入力対象のセル）を基準とします。この例でのアクティブセルはセルF3なので、同じ行のB列のセルという意味で「B3」を指定しているわけです。

32 候補から選んで入力する

リストの選択肢から入力する

　セル範囲に入力するデータの候補が事前に決まっている場合は、その候補をドロップダウンリストに表示し、その中から選んで入力できるように設定すると便利です。このドロップダウンリストの作成にも「**データの入力規則**」を使用します。ここでは、「受付担当」（C列）の各セルに「鈴木雄二」「田中直美」「斉藤隆」のいずれかを選んで入力できるようにします。

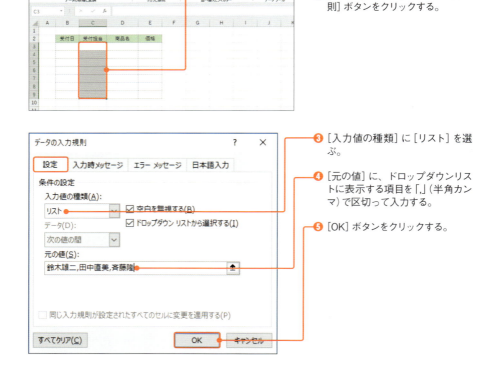

❶ 対象のセル範囲を選択する。

❷ [データ] タブ→ [データの入力規則] ボタンをクリックする。

❸ [入力値の種類] に [リスト] を選ぶ。

❹ [元の値] に、ドロップダウンリストに表示する項目を「,」(半角カンマ) で区切って入力する。

❺ [OK] ボタンをクリックする。

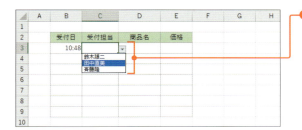

❻ 対象のセルを選択すると右側に[▼]が表示されるので、[▼]をクリックして入力したい項目をクリックする。

リストの元データをセル範囲で指定する

　リストの設定の「元の値」欄には、候補を直接入力するだけでなく、1行または1列のセル範囲を指定することもできます。この方法であれば、実際の作業者が簡単に選択肢を変更できるようになります。

　ここでは、「商品名」（D列）のセルに入力できる値を「セル範囲 G3:G11 に入力されている値」に制限するドロップダウンリストを作成します。

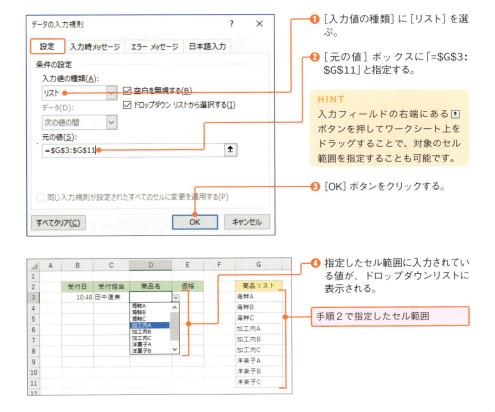

❶ [入力値の種類]に[リスト]を選ぶ。

❷ [元の値]ボックスに「=$G$3:$G$11」と指定する。

HINT
入力フィールドの右端にある⬆ボタンを押してワークシート上をドラッグすることで、対象のセル範囲を指定することも可能です。

❸ [OK]ボタンをクリックする。

❹ 指定したセル範囲に入力されている値が、ドロップダウンリストに表示される。

手順2で指定したセル範囲

33 エラーメッセージを変更する

エラーメッセージの設定を変更する

データの入力規則機能（p.92）でセルに対する入力制限を設定している場合に、そのセルに対して不適切なデータを入力したときに表示されるエラーメッセージは、初期状態では次のような画面になります。

Excelでは、このメッセージの内容を変更することで、==適切なデータを入力してもらうためのヒントを提供することができます==。ここでは、p.92で設定した入力規則の場合に表示されるエラーメッセージを変更してみます。

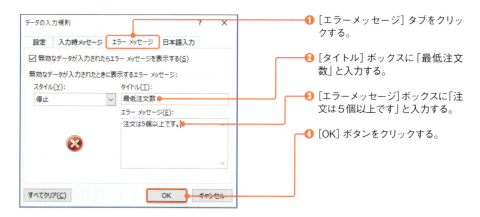

❶ [エラーメッセージ] タブをクリックする。

❷ [タイトル] ボックスに「最低注文数」と入力する。

❸ [エラーメッセージ] ボックスに「注文は5個以上です」と入力する。

❹ [OK] ボタンをクリックする。

> 📝 **Memo**
>
> p.92で設定したデータの入力制限は「セルには5以上の値しか入力できない」というものです。このため、上記のようなエラーメッセージを表示することで、入力者はより簡単に正しい値を入力することが可能になります。

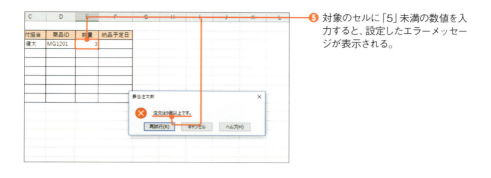

❺ 対象のセルに「5」未満の数値を入力すると、設定したエラーメッセージが表示される。

エラーメッセージのスタイルを変更する

データの入力規則機能では、不適切なデータの入力を禁止するだけでなく、<mark>警告メッセージは表示するが入力自体は許可する</mark>という設定もできます。

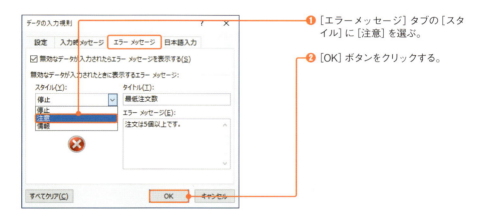

❶ [エラーメッセージ] タブの [スタイル] に [注意] を選ぶ。

❷ [OK] ボタンをクリックする。

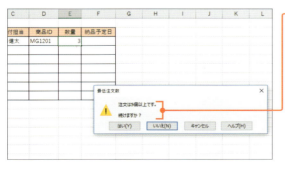

❸ [注意] を選ぶと、このような注意メッセージが表示される。

HINT
エラーメッセージのスタイルには、上記の [停止]、[注意] に加えて、[情報] もあります。[情報] は対象の入力規則に対する補足情報などを指定できます。スタイルの使い分け方については、次ページのコラムを参照してください。

Column ［エラーメッセージ］タブの［スタイル］項目の使い分け

　セルに不適切なデータが入力されることを防ぎたい場合は必ず［停止］を選択してください。［停止］以外の項目を設定すると、入力者は自由にデータを入力することが可能になります。

　では、［注意］はどのような場合に利用するのでしょうか。この設定は、入力内容が条件に反していた場合に、本当に問題のないデータかどうかを再確認してもらうために使用します。データの確定までにワンクッションおくことで、入力者に「本当にこのデータで良いのですよね」と伝える役割があります。表示されるダイアログで［はい］ボタンをクリックすれば、入力中のデータで確定します。また、［いいえ］ボタンをクリックすると、入力が確定されていない、編集中の状態に戻ります。また、［キャンセル］ボタンをクリックすると、入力操作がキャンセルされ、入力前の状態に戻ります。

　なお、［スタイル］に［情報］に設定すると、ボタンとしては［OK］ボタンと［キャンセル］ボタンだけが表示されるメッセージになります。このため、この設定項目は主に、特定の条件に該当するデータが入力されたことを、ユーザーに単に情報として伝えたい場合に利用するとよいでしょう。

　なお、［データの入力規則］ダイアログの［エラーメッセージ］タブで［無効なデータが入力されたらエラーメッセージを表示する］のチェックを外すと❶、［設定］タブで制限されたデータを入力しても、何のメッセージも表示されなくなるので注意してください。

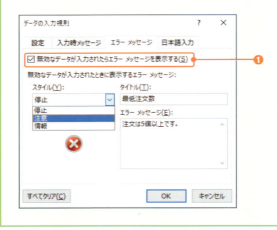

Data Entry & Data Compilation Techniques　　　　　　　　　　Sample_Data/02-34/

34 セル選択時に入力データに関するヒントを表示する

入力時メッセージを設定する

　データの入力規則機能を利用して、セルを選択したときに、そのセルに入力すべきデータに関する情報を表示することが可能です。ここでは、商品ID列（D列）のセルを選択したときにメッセージが表示されるように設定します。

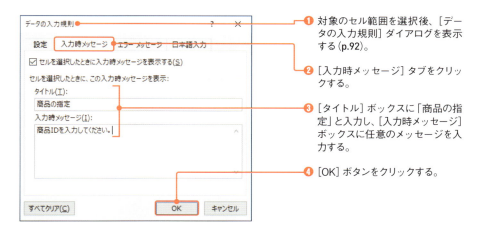

❶ 対象のセル範囲を選択後、[データの入力規則]ダイアログを表示する（p.92）。

❷ [入力時メッセージ]タブをクリックする。

❸ [タイトル]ボックスに「商品の指定」と入力し、[入力時メッセージ]ボックスに任意のメッセージを入力する。

❹ [OK]ボタンをクリックする。

❺ 対象のセルを選択すると、そのセルに関する説明が表示される。

> 📝 **Memo**
>
> ［入力時メッセージ］を設定した場合でも、ダイアログ上部にある［セルを選択したときに入力時メッセージを表示する］のチェックボックスが外れていると、メッセージは表示されません。この点には注意してください。

35 入力モードを自動的に切り替える

日本語入力の設定を自動変更する

データの入力規則機能では、特定の種類のデータを入力することが決まっている場合に、対象のセルを選択すると入力モードを自動的に変更する設定にすることが可能です。ここでは、「数量」（E列）のセルを選択したとき、自動的に日本語入力モードをオフ（つまり、半角英数字入力モード）になるように設定します。

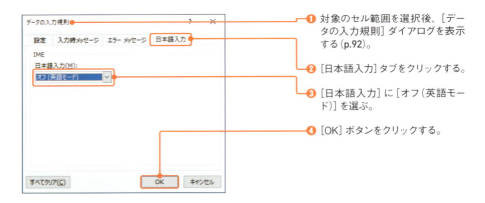

❶ 対象のセル範囲を選択後、［データの入力規則］ダイアログを表示する（p.92）。

❷ ［日本語入力］タブをクリックする。

❸ ［日本語入力］に［オフ（英語モード）］を選ぶ。

❹ ［OK］ボタンをクリックする。

❺ 対象範囲のセルを選択すると、自動的に日本語入力モードがオフになる。

なお、この設定で入力モードを自動的に変更したとしても、ユーザーは自由に入力モードを変更できます。日本語入力を禁止したい場合は、［日本語入力］に[無効]を選択します。そうすれば、ユーザーは入力モードを切り替えることができず、半角英数字しか入力できない状態になります。

36 一列に入力されているデータを複数列に分ける

特定の区切り文字で列を分割する

1つのセルにまとめて入力されているデータを、その中の特定の文字を区切りとして複数の列に分けたいというケースや、1つのセルだけでなく、同様のデータが1列のセル範囲に入力されているようなケースでも、[区切り位置] ボタンをクリックすることで、データを複数の列に分割することが可能です。

ここでは、バスケットボールのポジション名とその選手名を「PG：山田 一郎」のように入力しています。これを「：」と半角スペースで区切り、ポジション名、姓、名の3列に分割する方法を紹介します。

❶ 対象のセル範囲を選択する。

❷ [データ] タブ→[区切り位置] をクリックする。

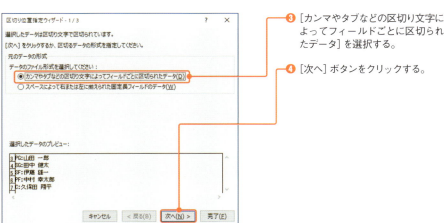

❸ [カンマやタブなどの区切り文字によってフィールドごとに区切られたデータ] を選択する。

❹ [次へ] ボタンをクリックする。

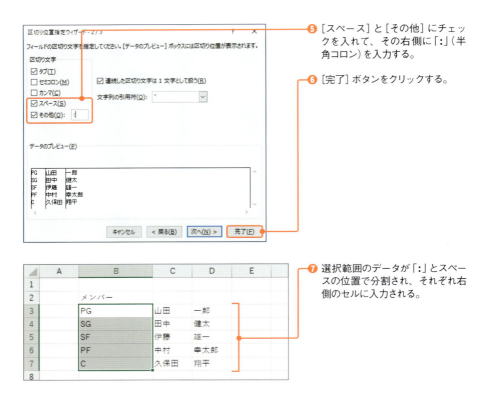

❺ [スペース] と [その他] にチェックを入れて、その右側に「:」(半角コロン)を入力する。

❻ [完了] ボタンをクリックする。

❼ 選択範囲のデータが「:」とスペースの位置で分割され、それぞれ右側のセルに入力される。

特定の位置で分割する

　区切り文字を指定するのではなく、**データの特定の位置**で区切って複数の列に分割することも可能です。ここでは、会員IDとして入力されている「AFP1001」のような文字列を、会員区分を表す前半3文字の英文字と、会員番号を表す後半4文字の数値に分割します。

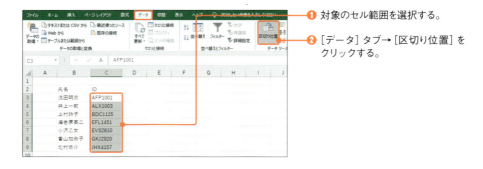

❶ 対象のセル範囲を選択する。

❷ [データ] タブ→ [区切り位置] をクリックする。

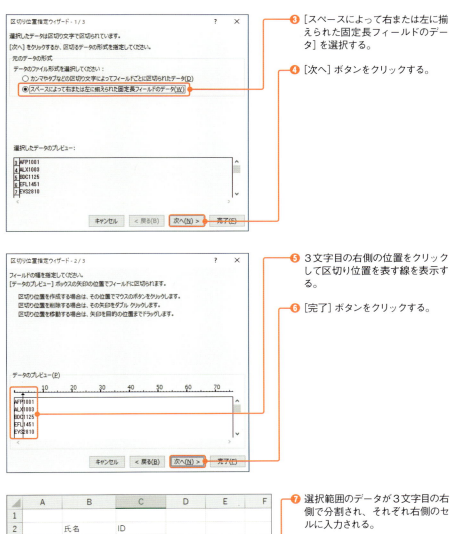

❸ [スペースによって右または左に揃えられた固定長フィールドのデータ] を選択する。

❹ [次へ] ボタンをクリックする。

❺ 3文字目の右側の位置をクリックして区切り位置を表す線を表示する。

❻ [完了] ボタンをクリックする。

❼ 選択範囲のデータが3文字目の右側で分割され、それぞれ右側のセルに入力される。

37 8桁の数値を日付に変換する

数値を日付値に変換する最も簡単な方法

区切り位置機能を利用すると、「20190729」のような8桁の数値を、最初の4桁を「年」、次の2桁を「月」、最後の2桁を「日」とする日付データに変換することが可能です。

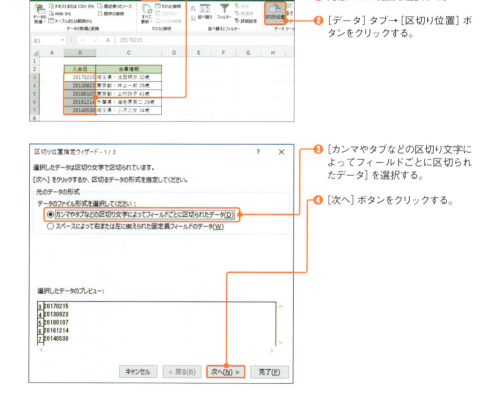

❶ 対象のセル範囲を選択する。

❷ [データ] タブ→ [区切り位置] ボタンをクリックする。

❸ [カンマやタブなどの区切り文字によってフィールドごとに区切られたデータ] を選択する。

❹ [次へ] ボタンをクリックする。

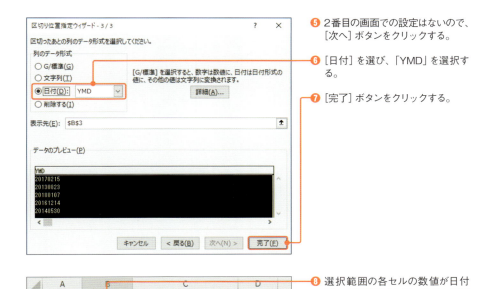

❺ 2番目の画面での設定はないので、[次へ] ボタンをクリックする。

❻ [日付] を選び、「YMD」を選択する。

❼ [完了] ボタンをクリックする。

❽ 選択範囲の各セルの数値が日付データに変換されていることが確認できる。

使えるプロ技！ 年・月・日の並び順

上記の実行例では、元の数値は「年・月・日」の順番に並んでいましたが、この順番が異なっている場合でも、3番目の画面の指定で対応可能です。例えば、「月・日・年」の順番に並んでいる場合は、「列のデータ形式」の「日付」の右側で「MDY」を選択します❶（M は Month、D は Day、Y は Year です）。

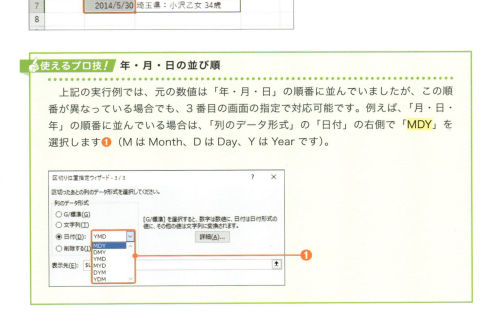

38 不要な部分を削除する

区切り位置機能を用いた一括削除

　区切り位置機能を利用すれば、元のデータの不要な部分を削除できます。膨大な量のデータがある場合は、1つずつ削除するのではなく、ここで紹介するような方法を用いて、一括削除することで、作業効率を劇的に高めることができます。

　ここでは、「埼玉県：浅田明彦 32歳」のようなデータの先頭の都道府県名をまとめて削除し、さらに氏名と年齢を別の列に分けます。

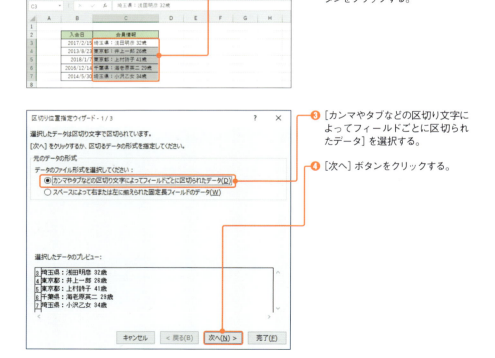

❶ 対象のセル範囲を選択する。

❷ [データ]タブ→[区切り位置]ボタンをクリックする。

❸ [カンマやタブなどの区切り文字によってフィールドごとに区切られたデータ]を選択する。

❹ [次へ]ボタンをクリックする。

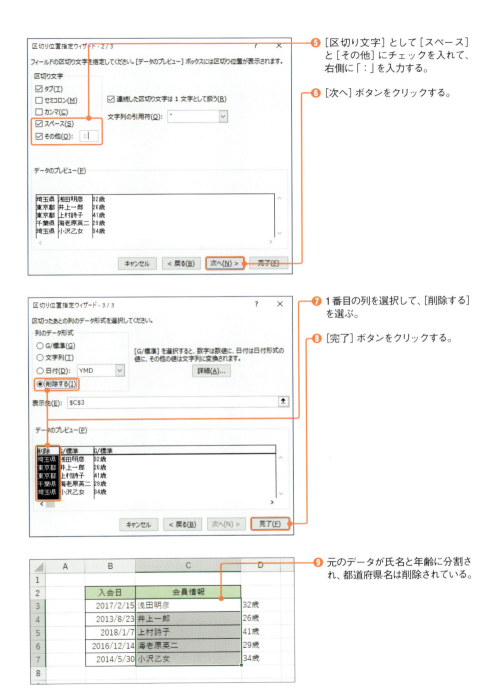

39 日付・時刻のデータ形式をきちんと理解する

シリアル値について

　Excelでは、日付データや時刻のデータをさまざまな処理で利用できます。表示形式が「標準」のセルに「Excelが日付と判定できるデータ」を入力すると、自動的にそのセルに日付の表示形式が設定されます。同様に、時刻と判定できるデータを入力すると、自動的に時刻の表示形式が設定されます。

　日付の基本の書式は「2019/4/1」、時刻の基本の書式は「10:52:00」です。日付・時刻が入力されたセルを選択すると、その「実際のデータ」である数式バーには、このような形式で表示されます。

実際のデータは数式バーで確認できる。

　ただし、これらのデータはExcelにおける日付・時刻の"実体"ではありません。Excelで日付や時刻を適切に扱うためには、本項で説明する、日付データ、時刻データそれぞれの実体を理解しておくことが重要です。

　日付データの実体は、1900年1月1日を「1」として、1日に1ずつ増加していく整数のデータです。2019年4月1日の場合、1900年1月1日から数えて43556日目となります。

　一方、時刻データの実体は、1日（24時間）を「1」として、1時間は24分の1、1分はさらにその60分の1というように求められる小数の値です。

　そして、このような日付・時刻を表す数値のことを「シリアル値」と呼びます。

つまり、日付は整数のシリアル値で表され、時刻は1未満の小数のシリアル値で表されます。

それでは実際に、日付データの実体を確認してみましょう。日付・時刻が入力されたセルを選択して❶、表示形式を［標準］に変更します❷。すると、日付データは整数、時刻データは小数に変わります。

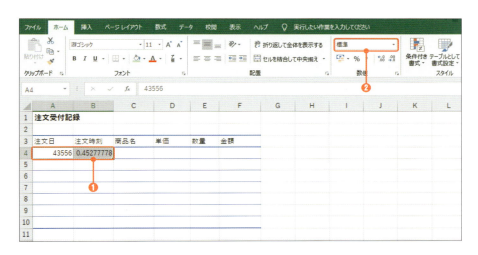

なお、通常、1つのセルには日付または時刻のどちらか一方だけを入力することが多いと思いますが、1つのセルに日付と時刻の両方を表示することも可能です。この場合、日付と時刻は半角スペースで区切ります。このデータは、整数部分と小数部分を両方持ったシリアル値ということになります。

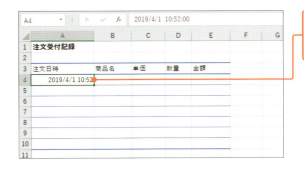

日付と時刻の両方を指定すると、整数部分と小数部分を両方持ったシリアル値になる。

40 日付・時刻を計算する

日付を計算する

前ページで解説した通り、日付・時刻のデータの実体は数値（シリアル値）なので、そのまま計算に使用できます。1日が「1」なので、日数計算は非常にわかりやすいと思います。例えば、ある日付の50日後の日付を表示したい場合は、その日付に「50」を加算するだけで計算できます❶。また、日付から日付を減算すれば、その間の日数を求められます❷。

時間・時刻を計算する

時間データも日付データと同様に、減算によって経過時間を算出できます。また、加算によって、一定時間経過後の時刻を算出することが可能です。

> 📝 **Memo**
> 厳密には、「時刻」は時の流れの中の一点を意味し、「時間」は2つの時刻の間隔を意味しますが、Excelではそのどちらも同じ時刻データとして扱われます。

Chapter

03

作業効率を改善できる 「シート操作」の時短テク

Effective Time-savign Methods for Users

Effective Time-savign Methods for Users   Sample_Data/03-01/

01　下端まで一瞬で移動する

下端のセルへジャンプする

　データ量の多い大きな表では、スクロール操作しか知らない場合、データの端から端へ移動するだけでも、かなりかなり面倒です。<mark>大きな表を操作する際は、表操作関連のショートカットを覚えることが必須</mark>です。セル間の移動はキー操作だけで簡単に行えます。

　ここでは、セル B6 を選択している状態で、同じ行で表の範囲の下端行のセルに簡単に移動してみましょう。

112

上記の操作手順からも推測できるように、同様の操作で Ctrl + ↑ や ← で、それぞれの方向の「データが連続して入力されている範囲の終端のセル」へジャンプできます。

　なお、上記の方法では、表の範囲や書式設定されている範囲は関係ありません。あくまでもデータが入力されている範囲の終端にジャンプします。この点は覚えておいてください。

使えるプロ技！ End と組み合わせる

End を押してから方向キーを押す方法でも、その方向の終端セルへジャンプできます。

Column 最初の入力済みセルへジャンプする

　指定した方向の次のセル以降にデータが入力されていない場合は、その方向で最初に見つかった入力済みのセルが選択されます。

Ctrl + ↓ を押すと、下方向で最初に見つかった入力済みのセルが選択される。

　なお、その方向に入力済みのセルがなかった場合は、その方向のワークシートの端のセルが選択されます。

02 セルをすばやく選択する

データが入力済みのセルを選択する

　Ctrl＋方向キーを押すことで、上下左右の端のセルを簡単に選択できますが（p.112）、この操作にShiftを加えることで、**現在のアクティブセルから移動先のセルまでのすべてのセルを選択できます**（Endを押してから、Shift＋方向キーを押しても、同様の操作を実行できます）。

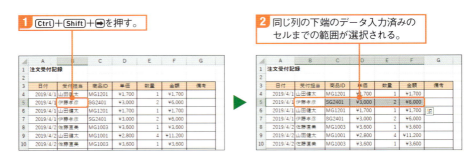

　上記の列が選択された状態のまま、続いてCtrl＋Shift＋↓を押すと、データ入力済みの最終行までを選択できます。

03 先頭のセルをすばやく選択する

A列のセルやセルA1をキー操作で選択する

　ワークシートの起点であるA列のセルは、キー操作だけで簡単に選択することができます。

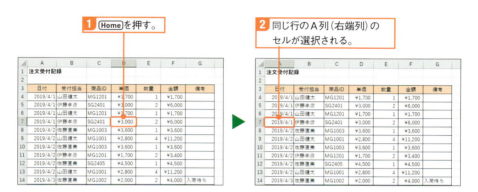

　また、セルA1をすばやく選択するキー操作もあります。

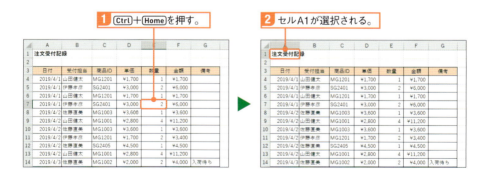

　なお、これらの操作で、同時に Shift を押しておくと、アクティブセルから同じ行のA列のセル、またはセルA1までの範囲を選択することができます。

04 表全体をすばやく選択する

アクティブセル領域を選択する

表全体を選択して、書式設定やその他の操作をまとめて実行したいことも多いでしょう。ここでは、==選択した入力対象のセル（アクティブセル）を含み、かつデータが連続して入力されている長方形の範囲==を一瞬で選択する最も簡単な方法を紹介します。

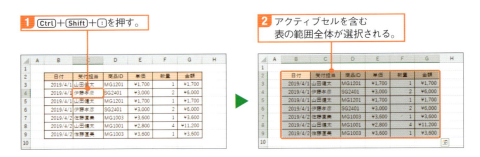

なお、ここで選択される「表の範囲」は、アクティブセルを含めてデータが連続して入力されている長方形のセル範囲です。このようなセル範囲のことを「==アクティブセル領域==」と呼びます。なお、罫線などの書式が設定されていても、データが入力されていなければアクティブセル領域とは見なされません。

また、Ctrl+Aを押すことでも、やはり表の範囲が選択されます。

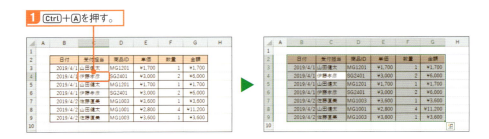

ただし、この2種類の操作では、範囲選択後のアクティブセルの位置が異なります。また、すでに表の範囲全体が選択されていたり、アクティブセルにデータがなかったりしている状態で Ctrl + A を押すと、ワークシート全体が選択されます。

行全体や列全体をすばやく選択する

選択しているセルを含む行全体や列全体は、キー操作ですばやく選択することが可能です。行全体を選択するには、次の操作を行います。

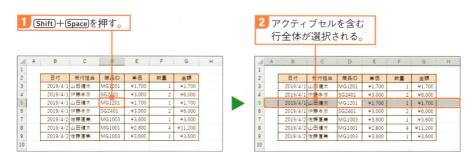

なお、日本語入力モードがオンになっている場合、上記のキー操作は「半角スペースを入力する」という操作になってしまいます。日本語入力をオフにした状態で実行するよう、注意してください。

列全体を選択するには、次の操作を行います。

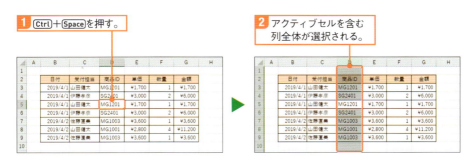

> **Memo**
> 列全体を選択するキー操作（Ctrl + Space）は、日本語入力モードのオン／オフに関わらず実行可能です。

05 特定の種類のセルだけを選択する

数式が入力されているセルだけを一括選択する

　表の中で、特定の種類のセルだけを一括で選択することも可能です。特に、数式や定数（数式ではないデータ）、条件付き書式やデータの入力規則が設定されたセルなどは、メニューから選ぶだけで簡単に選択できます。

　ここでは、数式が入力されたセルだけを一括で選択してみましょう。

❶ ［ホーム］タブ→［検索と選択］→［数式］をクリックする。

❷ 作業中のワークシート内の数式のセルが一括で選択される。

　［検索と選択］ボタンのメニューからは、同様に［定数］や［コメント］、［条件付き書式］、［データの入力規則］なども選べます。なお、ワークシート内で該当するすべてのセルではなく、特定の範囲の中だけで該当するセルを選択したい場合は、最初に対象のセル範囲を選択してからこの操作を実行します。

定数の数値セルだけを選択する

　選択するセルの種類を、ダイアログボックスで、より詳細に設定することも可能です。ここでは、定数（数式ではなく、セルに直接入力した値：p.30）として数値が入力されているセルだけを選択しましょう。

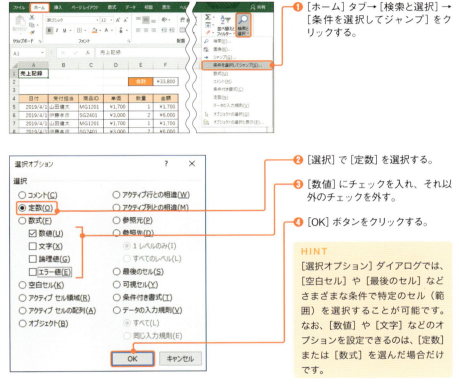

❶ [ホーム] タブ→[検索と選択]→[条件を選択してジャンプ] をクリックする。

❷ [選択] で [定数] を選択する。

❸ [数値] にチェックを入れ、それ以外のチェックを外す。

❹ [OK] ボタンをクリックする。

HINT
[選択オプション] ダイアログでは、[空白セル] や [最後のセル] などさまざまな条件で特定のセル（範囲）を選択することが可能です。なお、[数値] や [文字] などのオプションを設定できるのは、[定数] または [数式] を選んだ場合だけです。

❺ 定数として入力されている数値のセルだけが選択される。

HINT
日付データも数値の一種なので、この例ではセル範囲 A5:A11 も選択されています。

06 セル番地を指定して選択する

名前ボックスに入力して選択する

選択したい範囲が離れていたり、複雑だったりした場合は、**セル番地**を直接指定して選択することも可能です。そのためのダイアログボックスもありますが、「名前ボックス」を利用すればより簡単に実行できます。

ここでは、セル範囲 C5:F11 を選択してみましょう。

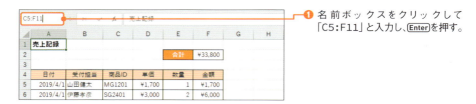

❶ 名前ボックスをクリックして「C5:F11」と入力し、Enter を押す。

❷ セル範囲 C5:F11 が選択される。

🔧 **使えるプロ技！** 別シートのセルを直接選択する方法

「Sheet2!C5:F11」のように、セル番地の前にシート名を付ければ、他シートのセルに直接ジャンプすることも可能です。

書式 別シートの指定方法

〈シート名〉!〈セル番地〉

07 セルに名前を付けて選択しやすくする

セル範囲に名前を付ける

　よく選択するセル（またはセル範囲）には、「名前」を付けておくと簡単に指定できるようになります。名前を付ける方法はいくつかありますが、最初に最も簡単な名前ボックスを利用する方法を紹介します。

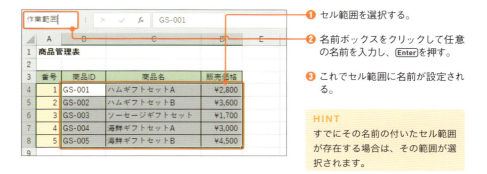

❶ セル範囲を選択する。

❷ 名前ボックスをクリックして任意の名前を入力し、[Enter]を押す。

❸ これでセル範囲に名前が設定される。

HINT
すでにその名前の付いたセル範囲が存在する場合は、その範囲が選択されます。

名前の範囲を簡単に選択する

　名前を付けたセル（またはセル範囲）を選択するには、名前ボックスで対象の名前を選択します。

❶ 名前ボックスの[▼]をクリックする。

❷ 一覧の中から対象の名前をクリックする。

❸ 名前を付けたセル範囲が選択される。

[新しい名前] ダイアログで名前を作成する

　名前ボックスで設定した名前は自動的に、**ブック全体で有効な名前**になります。シート単位だけで有効な名前にしたり、設定にコメントを付けたりしたい場合は、[新しい名前] ダイアログで名前を設定します。

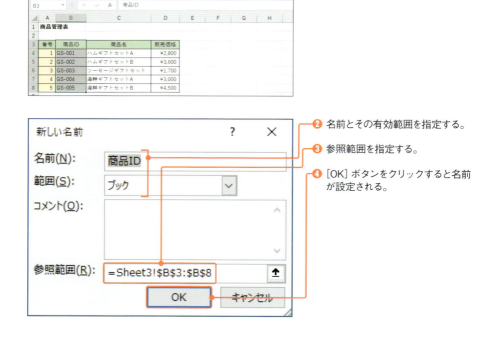

❶ [数式] タブ→ [名前の定義] ボタンをクリックする。

❷ 名前とその有効範囲を指定する。

❸ 参照範囲を指定する。

❹ [OK] ボタンをクリックすると名前が設定される。

> **使えるプロ技!** [新しい名前] ダイアログのワンランク上の使い方
>
> [新しい名前] ダイアログの [参照範囲] には、セルの参照だけでなく、値や数式を登録することも可能です。これを利用すると、たとえば、特定の数値に「税率」などの名前を付けて、数式の計算内容をわかりやすくすることが可能です。また、このように設定しておけば、後で税率が変更された場合も、その名前の定義（その名前に設定されている値）だけを変更すれば、すべての数式に新しい税率を適用できます。また、複雑な数式の一部の計算部分に名前を付けることで、数式を簡潔にするといった利用方法もあります。

名前を管理する

作成済みの名前の設定を変更したり、名前を削除したりしたい場合は、専用の [名前の管理] ダイアログを使用します。

❶ [数式] タブ→ [名前の管理] をクリックする。

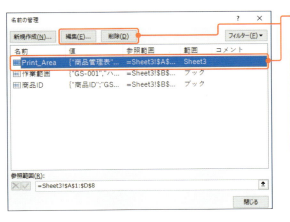

❷ 対象の名前を選択し、[編集] や [削除] などの操作を実行できる。

HINT
ダイアログの右上にある [フィルター] ボタンをクリックすれば、名前の参照範囲（シートなのか、ブックなのか）や、エラーの有無を元に、表示する名前をフィルタリングできます。

08 セルのクリックで別シートを開く

セルにハイパーリンクを設定する

　セルにハイパーリンクを設定すれば、そのセルをクリックするだけで、簡単に特定のシートを開くことができます。なお、移動先には、Excel以外のファイルやWebページなどを指定することも可能です。ここでは、同じブック内の別のシートの特定のセルへ移動するハイパーリンクを設定してみましょう。

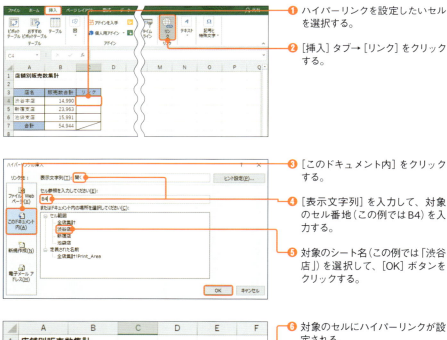

❶ ハイパーリンクを設定したいセルを選択する。

❷ [挿入] タブ→ [リンク] をクリックする。

❸ [このドキュメント内] をクリックする。

❹ [表示文字列] を入力して、対象のセル番地（この例ではB4）を入力する。

❺ 対象のシート名（この例では「渋谷店」）を選択して、[OK] ボタンをクリックする。

❻ 対象のセルにハイパーリンクが設定される。

❼ このセルをクリックすると、シート名「渋谷店」のセルB4が選択される。

09 見出しを常に表示させる
──ウィンドウ枠の固定

ウィンドウ枠を固定する

　通常、ワークシートの上側や左側には、表の見出し情報を入力しています。しかし、表の範囲が広い場合、画面を下方向や右方向へスクロールしていくと見出し部分が隠れてしまい、そのセルに入力されている値が何であるのかが、わかりにくくなります。そのような場合は [ウィンドウ枠の固定] を実行して、見出し行や列を常に表示させておくことをおすすめします。

❶ 固定表示する行・列の1つ内側のセルを選択する。

❷ [表示] タブ→ [ウィンドウ枠の固定] → [ウィンドウの枠の固定] をクリックする。

HINT
固定した行・列の「1つ内側のセル」を選択するところがポイントです。

❸ 今回はセルC4を選択していたので、行3より上、および列Cより左が固定表示される。

HINT
事前に画面をスクロールした状態でウィンドウ枠を固定すると、その状態でアクティブセルの上側の行と左側の列が固定表示されます。

　なお、ウィンドウ枠の固定を解除するには、[表示] タブ→ [ウィンドウ枠の固定] → [ウィンドウ枠固定の解除] をクリックします。

Effective Time-savign Methods for Users　　　　　　　　　　　Sample_Data/03-10/

10 離れた位置に入力されているデータを同時に確認する

画面を分割する

　同じワークシートの離れた位置に入力したデータを、同時に確認しながら作業したいというケースもあります。このようなときは、画面を分割し、それぞれの領域を個別にスクロールできるようにします。

❶ 分割の起点となるセル（この例ではセルE8）をセルを選択する。

❷ ［表示］タブ→［分割］をクリックする。

❸ 指定したセルを起点にして、画面が4つの領域に分割される。境界線には分割バーが表示される。

HINT
この例ではセルE8を選択したので、行8の上の行の境界線と、列Eの左の列の境界線に分割バーが表示されます。

📝 Memo

縦横の分割バーで4分割された画面の領域は、それぞれ個別にスクロールすることが可能です。ただし、上下に並んだ領域の列、左右に並んだ領域の行は、それぞれ連動してスクロールします。なお、画面分割を解除するには、再度［表示］タブ→［分割］をクリックします。

Effective Time-savign Methods for Users　　　　　　　　　　　　　　Sample_Data/03-11/

11 同じブックを複数の画面で表示する

新しいウィンドウを開く

同じブックの中の別のワークシートを、同時に確認しながら作業したい場面は、現在のブックを別のウィンドウで表示します。

❶ [表示] タブ→ [新しいウィンドウを開く] をクリックする。

HINT
新しいウィンドウを開くと、ウィンドウの上部中央に表示されているファイル名の末尾に「:2」が付与されます。また元のウィンドウのファイル名の末尾には「:1」が付与されます。

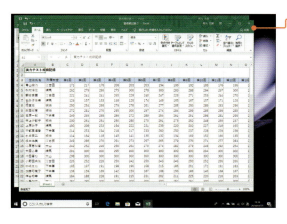

❷ 新しいウィンドウが開き、作業中のブックがその中に表示される。

HINT
2つのウィンドウで同じシートを開いている状態で、片方のシートを編集すると、もう一方のシートの内容も自動的に更新されます。

> 📝 **Memo**
> それぞれのウィンドウでは、個別にスクロールして離れた場所を同時に表示させたり、シート見出しをクリックして一方だけを別シートに切り替えたりといったことが可能です。

127

Effective Time-savign Methods for Users

12 複数の画面を整列して並べる

ウィンドウを整列する

同時に複数のブックを開いていたり、1つのブックで複数のウィンドウを開いているとき、それらを横に並べて作業したいこともあるでしょう。ここでは2つのブックの3つのウィンドウを横に並べて表示します。

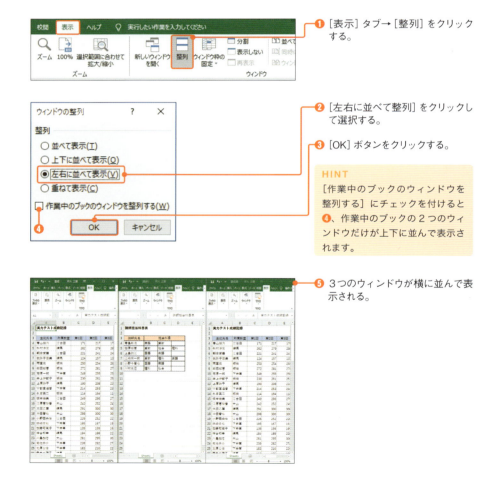

❶ [表示] タブ→ [整列] をクリックする。

❷ [左右に並べて整列] をクリックして選択する。

❸ [OK] ボタンをクリックする。

HINT
[作業中のブックのウィンドウを整列する] にチェックを付けると❹、作業中のブックの2つのウィンドウだけが上下に並んで表示されます。

❺ 3つのウィンドウが横に並んで表示される。

13 表を拡大・縮小する

表示倍率を変更する

　ワークシートに入力されているデータ量が多くて細かい部分がわかりづらい場合は、一部を拡大して表示することが可能です。反対に、大きな表の全体像を確認したい場合などは、縮小表示することもできます。いずれも「ズーム機能」を使用します。

　ワークシートを拡大表示するには次の手順を実行します。

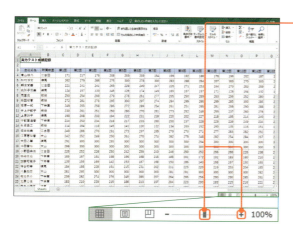

❶ 画面下部にある［ズーム］のスライダーを右方向へドラッグするか、または［＋］ボタンをクリックする。

HINT
［ズーム］スライダーの右端にある表示倍率（左図では「100%」を表示されている箇所）をクリックすると、表示倍率を数値で指定することも可能です。より正確な倍率で表示したい場合はこの方法がお勧めです。

❷ 表示倍率が大きくなる。

HINT
Ctrlを押しながら、マウスホイールを前後に回すことでも、表を拡大・縮小できます。

14 選択したセル範囲を画面いっぱいに表示する

選択済みのセル範囲を基準にして、その範囲を画面いっぱいに表示することが可能です。

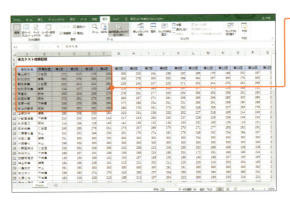

❶ 任意のセル範囲を選択する。

❷ [表示] タブ→ [選択範囲に合わせて拡大／縮小] をクリックする。

❸ 選択したセル範囲が画面いっぱいに表示される。

15 行・列を一時的に隠す

行・列を非表示にする

一時的に特定の行を除外した状態で、データを確認したい場合があります。ただし、データ自体は必要なので、削除してしまうのは問題があります。このような場合は、行を一時的に非表示にします。

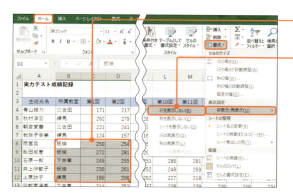

❶ 非表示にしたい行のセルを選択する。

❷ [ホーム] タブ→ [書式] → [非表示/再表示] → [行を表示しない] をクリックする。

❸ 選択セルを含む行が非表示になる。

HINT
同様の操作で [非表示/再表示] → [列を表示しない] をクリックすることで、列を非表示にできます。

📝 Memo

非表示にした行を再表示するには、非表示になった行を含む範囲を選択したうえで、[ホーム] タブ → [書式] → [非表示/再表示] → [行の再表示] をクリックします。非表示の列を再表示する場合も同様です。

Effective Time-savign Methods for Users　　　　　　　　Sample_Data/03-16/

16　行・列を折りたたむ

行をグループ化する

　一連のデータ行の下に、集計結果のような、それらを代表する行がある場合、データ行を「グループ化」すれば、代表の行（例えば、集計結果の行）だけを残して、その他のデータ行を簡単に非表示／再表示できるようになります。このような機能を「アウトライン」といいます。

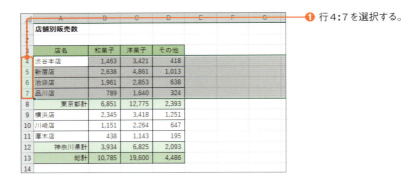

❶ 行4:7を選択する。

❷ ［データ］タブ→［グループ化］をクリックする。

❸ 行番号の左側にグループを表す領域が表示される。

HINT
同様の操作で列をグループ化することも可能です。

④ 同様に、行9:11もグループ化する。

⑤ 行8の左側の[−]ボタンをクリックする。

⑥ 行4:7のグループが非表示になる。

HINT
行4:7を再表示するには[+]ボタンをクリックします❼。

使えるプロ技！ アウトラインのレベル

　左側のグループの領域の上にある[1][2]の各ボタンは「アウトラインのレベル」を表しています。[1]ボタンをクリックすると、グループ化した2カ所のデータ行がまとめて非表示になります❶。[2]ボタンをクリックすると、再びすべての行が表示されます。

　さらに、以下の例の場合に行4:12を選択してグループ化を設定すると、行13を代表の行として、アウトラインのレベルが1段階増えます。行の表示／非表示を階層的に切り替えることができるわけです❷。

Chapter 03　作業効率を改善できる「シート操作」の時短テク

133

Effective Time-savign Methods for Users　　　　　　　　　　　　　Sample_Data/03-17/

17　ワークシート管理の基本

シート見出しの確認と変更

　Excelでは、==1つのブックの中に複数のワークシートを作成できます==。例えばデータの記録用と印刷用でシートを分けたり、収支の記録を月別のシートで管理したりといった使い方が可能です。

　新規ブックを作成した段階では、基本的には1つのシートだけが作成されています。これは画面下部の「==シート見出し==」で確認できます❶。通常は「Sheet1」というシート名が設定されています。

　シート見出しをダブルクリックすると、そのシート名が**編集状態**になり、シート名を変更できるようになります。変更後、[Enter]を押すと編集が完了します。

> **使えるプロ技！　シート名はできるだけ短く、簡潔に**
>
> 　シート名はみなさんが自由に決めることができますが、わかりやすさを追求するあまり、シート名が長くなりすぎると、シート数が4つ、5つと増えてきたときに、シート名の確認が困難になります。シート名はできるだけ短く、簡潔にするように注意してください。

134

シートの追加と削除

ブックの中にワークシートを追加するには、シート見出しの右側にある[新しいシート]ボタンをクリックするのがもっとも簡単な方法です。この操作の場合、新しいシートは**作業中のシートの右側**に追加されます。

一方、不要なシートを削除したい場合は、目的のシート見出しを右クリックして[削除]を選びます。

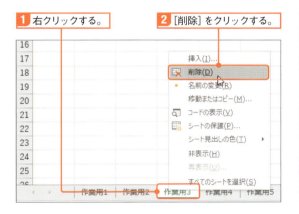

> 📝 Memo
>
> １つのシート見出しをクリックし、Shiftを押しながら別のシート見出しをクリックすると、最初に選択したシートと次に選択したシートの間のすべてのシートを選択できます。また、Ctrlを押しながらクリックすると、離れた位置にあるシートを同時に選択できます。複数のシートを選択した状態で、それらをまとめて削除することも可能です。

シートの移動とコピー

シートの並び順は、シート見出しをドラッグすることで自由に変更できます。また、Ctrl+ドラッグでシートをコピーできます。

18 シート見出しの色を変更する

見出しの色で分類する

シートの内容の違いをわかりやすくするために、シート見出しに色を着けることもできます。シート見出しの色を変更するには、次の手順を実行します。

❶ 対象のシート見出しを右クリックする。

❷ ［シート見出しの色］から任意の色を選ぶ。

❸ シート見出しの色が変更される。

> **HINT**
> ここでは色がわかりやすいように、設定後、表示シートを変更しています。

🔧 **使えるプロ技** ／ **データの種類で見出しの色を使い分ける**

シート見出しの色は、各シートに含まれている「データの種類・内容」によって使い分ける方法がおすすめです。例えば「集計値は青色、元データはグレイ色」や「関東地区は緑色、中部地区は茶色」といった形です。

Effective Time-savign Methods for Users　　　　　　　　　　　Sample_Data/03-19/

19　シートを一時的に隠す

シート見出しを非表示にする

　日常の業務では必要だが、他のユーザーには見せたくないデータがある場合は、シート見出しを非表示にすることで、一時的にシートを隠すことができます。

❶ 隠したいシートのシート見出しを選択し、シート見出し上で右クリックする。

❷ [非表示] をクリックする。

❸ 選択したシート見出しが非表示になる。

シート見出しを再表示する

　非表示にしたシート見出しを再表示するには次の手順を実行します。

❶ シート見出し上で右クリックして、[再表示] をクリックする。

❷ 表示される [再表示] ダイアログで表示するシート名を選択します。

📝 Memo

シート見出しの非表示は、あくまでも「見た目上、非表示になっているだけ」です。このため、上記の手順を実行すれば誰でも再表示することが可能です。厳密に他のユーザーにデータを見せたくない場合は、ブックを複製し、対象のシートを削除したうえで、ブックを提供するようにしてください。

20 離れたシートをすばやく開く

見えていないシート見出しのシートを開く

シートの数が増えると、シート見出しの領域にそのすべてを表示できなくなり、一部のシートが隠れてしまいます。このようなシート見出しを表示するには、左側にある左右のスクロールボタン❶や「...」ボタン❷をクリックして、シート見出しをスクロールする必要があります。

シート見出しが見えていないシートに素早く移動する方法もあります。

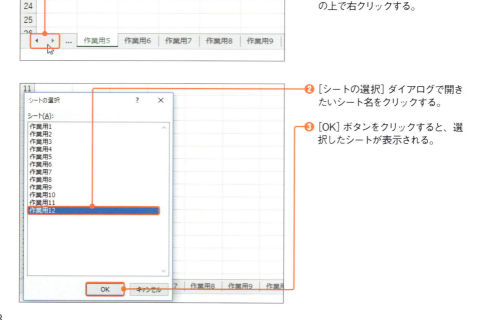

❶ シート見出しのスクロールボタンの上で右クリックする。

❷ [シートの選択] ダイアログで開きたいシート名をクリックする。

❸ [OK] ボタンをクリックすると、選択したシートが表示される。

Chapter

04

ワンランク上の
「見やすい表デザイン」の作り方

Table Design and Conditional Formatting

Table Design and Conditional Formatting

01　表デザインの基本を理解する

「表のデザイン」とは

　Excelで独自に表を作成する場合、データの入力作業に加えて、以下のような作業で表の見た目を整えます。

（1）列の幅や行の高さを調整する（p.141）
（2）罫線を引く（p.144）
（3）塗りつぶしの書式を設定する
（4）フォントの書式を設定する
（5）文字の配置を設定する（p.148）
（6）表示形式を設定する（p.159）

　これらの作業を行うことで、==見やすい表==を作ることが大切です。ただし、デザインの良し悪しは表の内容や目的によって異なるため、すべてのケースに当てはまる正解があるわけではないので注意してください。大切なことは、これから作成する表の内容や目的をしっかりと検討し、最適なデザインを導き出すことです。内容・目的とは、具体的にはデータの種類、データ量、および業務上の規定や慣習などです。

　また、最終的に印刷するのか、それとも画面上の作業だけで完結するかという点も重要です。最終的に印刷する表（たとえば、ビジネス書類など）では、通常、塗りつぶしの色は多用せず、使う場合も派手な色は避けたほうが無難です。ビジネス書類などで表にメリハリを付ける場合は、塗りつぶしよりも、==罫線や配置などをうまく使うことが重要==です。列の区切りは列幅と配置を使用してわかりやすくし、罫線は横だけに入れて縦罫線はできるだけ使わないほうが、見栄えが良く、またデータの視認性にも優れた表デザインになります。

　一方、画面上の作業だけで完結する表では、==デザイン面で最も考慮すべきポイントは「見栄えの良さ」ではなく、「画面上での見やすさ」と「作業のしやすさ」==です。そのため、さまざまな色をうまく使ってメリハリを付けることで、作業対象のセルと、そこですべき作業の内容をわかりやすく表現することができます。

02 列幅や行の高さを調整する

手動操作で変更する

　セルの列の幅は列単位で変更できます。また、行の高さは行単位で変更できます。変更したい列の列番号の右側の境界線部分をドラッグすると、手動操作で幅を変更できます。また、行の高さを手動操作で変更するには、行番号の下側の境界線部分を上下にドラッグします。

❶ 列番号の右側の境界線部分をドラッグする。
❷ ドラッグを止めると、列幅が変更される。

サイズを数値で指定する

　列の幅や行の高さは、具体的な数値を指定して変更することも可能です。ここでは、列の幅を数値で変更してみましょう。

❶ 列幅を変更したい列の中のセルを選択する。

HINT
1つのセルを選択しても、列全体を選択しても、結果は同じです。

❷ [ホーム]タブ→[書式]→[列の幅]をクリックする。

❸ [列の幅]に数値を指定して、[OK]ボタンをクリックする。

❹ 選択したセルを含む列全体の列幅が変更される。

　同様に、選択したセルを含む行の高さを変するには、[ホーム]タブ→[書式]→[行の高さ]をクリックし、ダイアログボックスで指定します。

> 🖌️ 使えるプロ技！　列の幅と行の高さの単位
>
> 　[列の幅]ダイアログや[行の高さ]ダイアログで指定する数値と、手動操作で列の幅や行の高さを変更しているときに表示される値は同じですが、列の幅と行の高さは、単位が異なるので注意が必要です。
> 　列の幅と行の高さを揃えたい場合は、手動でサイズ変更しているときに表示されるカッコの中のピクセルの値を参考にするか、p.319で紹介している「ページレイアウトビュー」の状態でサイズを調整してください。

ダブルクリックで最適な幅に自動調整する

セルに入力されているデータの長さに合わせて、列幅を自動で調整することも可能です。

対象の列の中で最も文字数が多いデータに合わせて列幅を自動設定したい場合は、その列番号の右側の境界線部分をダブルクリックします。

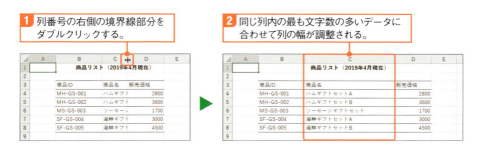

特定のセルの長さに合わせて自動調整する

特定のセルの長さに合わせて列幅を自動設定するには次の手順を実行します。

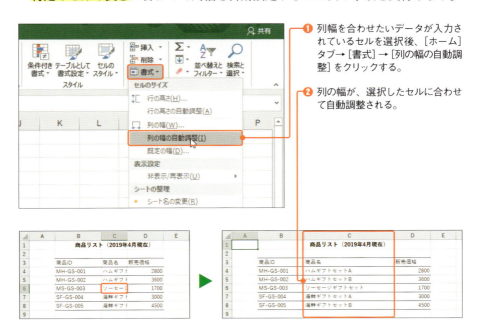

Table Design and Conditional Formatting　　　　　　　　　　　　　Sample_Data/04-03/

03　罫線をマウス操作で引く

罫線をドラッグで設定する

　さまざまな種類の罫線を行ごと、列ごとに細かく設定したい場合は、ドラッグ操作で罫線を引く方法が便利です。

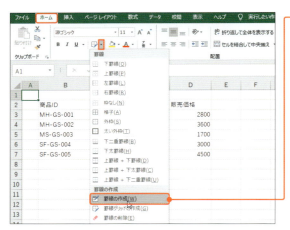

❶ [ホーム]タブ→[罫線]の[▼]→[罫線の作成]をクリックする。

HINT
[罫線の作成]では外枠だけですが、[罫線グリッドの作成]を選択すると、ドラッグした範囲に格子状の罫線を設定できます。

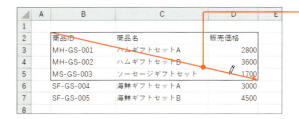

❷ 罫線を設定したいセル範囲をドラッグする。

❸ ドラッグした範囲の外枠に罫線が設定される。

❹ 罫線描画モードを解除するには、Escを押すか、[ホーム]タブ→[罫線]をクリックする。

罫線の色を変更する

　ドラッグ操作で設定する罫線の色を変更するには、[ホーム] タブ→ [罫線] → [線の色] から任意の色を選択します。

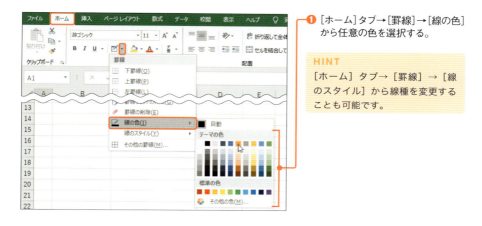

❶ [ホーム]タブ→[罫線]→[線の色] から任意の色を選択する。

HINT
[ホーム] タブ→ [罫線] → [線のスタイル] から線種を変更することも可能です。

❷ ドラッグすると、設定した色の罫線が描画される。

罫線を削除する

　設定されている罫線を、ドラッグ操作で削除するには、[ホーム] タブ→ [罫線] → [罫線の削除] をクリックしてワークシート上をドラッグします。すると、ドラッグした範囲の罫線がクリアされます。

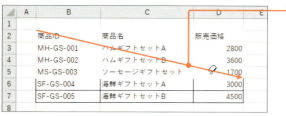

❶ [ホーム] タブ→ [罫線] → [罫線の削除] をクリック後に、ワークシート上をドラッグすると、ドラッグした範囲の罫線がクリアされる。

Table Design and Conditional Formatting   Sample_Data/04-04/

04 ［書式設定］ダイアログで罫線を引く

［書式設定］ダイアログの［罫線］タブの設定

　選択範囲の外枠の各辺と、内側の垂直線および水平線にまとめて罫線を設定したいときは、設定用のダイアログボックスを使用します。ここでは、この設定方法の基本と応用例を紹介します。

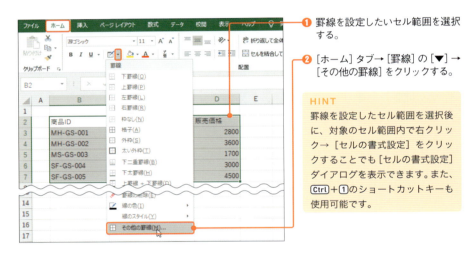

❶ 罫線を設定したいセル範囲を選択する。

❷ ［ホーム］タブ→［罫線］の［▼］→［その他の罫線］をクリックする。

HINT
罫線を設定したセル範囲を選択後に、対象のセル範囲内で右クリック→［セルの書式設定］をクリックすることでも［セルの書式設定］ダイアログを表示できます。また、Ctrl+1のショートカットキーも使用可能です。

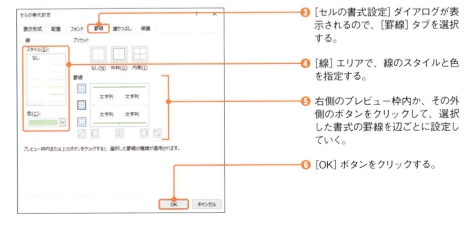

❸ ［セルの書式設定］ダイアログが表示されるので、［罫線］タブを選択する。

❹ ［線］エリアで、線のスタイルと色を指定する。

❺ 右側のプレビュー枠内か、その外側のボタンをクリックして、選択した書式の罫線を辺ごとに設定していく。

❻ ［OK］ボタンをクリックする。

❼ 選択範囲の各辺に、設定した罫線が適用される。

📘 Column　罫線の設定の応用例

　罫線の設定とセルの塗りつぶしの書式と組み合わせると、セルが立体的なボタンに見えるような罫線を設定できます。塗りつぶしの色を設定した単一のセルを選択した状態で［セルの書式設定］ダイアログの［罫線］タブを表示し、次のように設定します。

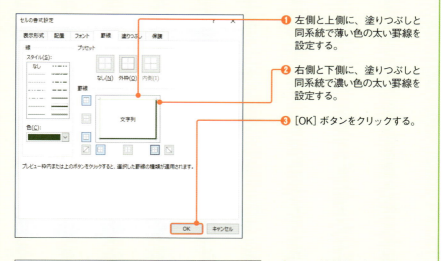

❶ 左側と上側に、塗りつぶしと同系統で薄い色の太い罫線を設定する。

❷ 右側と下側に、塗りつぶしと同系統で濃い色の太い罫線を設定する。

❸ ［OK］ボタンをクリックする。

❹ セルが立体的になります。

　同様の手順で、左上側に濃い色の罫線を、右下側に薄い色の罫線を設定すると、凹んだように見える書式を設定できます。

Table Design and Conditional Formatting　　　　　　　　　　　Sample_Data/04-05/

05　文字を右揃えで表示する

セルの横位置を設定する

　セルにデータを入力すると、通常、**数値はセルの右揃え**で、**文字列は左揃え**で表示されます。ここでは、同じ列の数値に合わせて、表の見出しの文字列を右揃えに変更する方法を解説します。

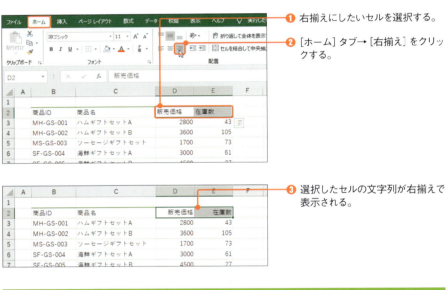

❶ 右揃えにしたいセルを選択する。

❷ [ホーム] タブ→ [右揃え] をクリックする。

❸ 選択したセルの文字列が右揃えで表示される。

上記と同様の操作で、[中央揃え] を設定したり、通常は右揃えで表示される数値に [左揃え] を設定したりすることも可能。

06 文字を上側に表示する

セルの縦位置を設定する

　セルの中のデータの<mark>縦方向の位置</mark>を設定することも可能です。通常は、セルの高さいっぱいに文字が表示されているため、縦位置の違いがわかりにくいので、ここでは行の高さを少し広げた状態で、縦位置を変更してみましょう。

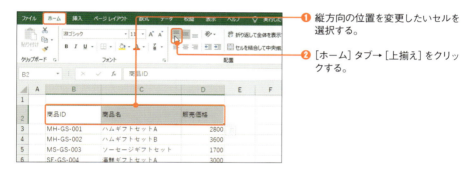

❶ 縦方向の位置を変更したいセルを選択する。

❷ [ホーム]タブ→[上揃え]をクリックする。

❸ 選択したセルの文字列が上揃えで表示される。

📝 Memo

上記と同様の操作で、[下揃え]を設定することも可能。

Table Design and Conditional Formatting　　　　　　　　Sample_Data/04-07/

07　セル内の文字を傾ける

文字の角度を変える

　セルに入力された文字は、通常は**水平**に表示されますが、デザインによっては斜めに傾けて表示させることも可能です。ここではまず、セルの文字を左上がりで表示させてみましょう。なお、この操作によって、==セルに設定した罫線もずれて表示==されるので注意してください。

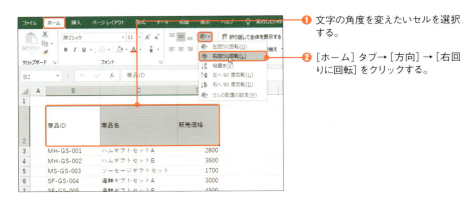

❶ 文字の角度を変えたいセルを選択する。

❷ ［ホーム］タブ→［方向］→［右回りに回転］をクリックする。

❸ 選択したセル内の文字が左上がりで表示される。

HINT
手順2で［左回りに回転］をクリックすると、セル内の文字が右上がりで表示されます。

> **Memo**
>
> ［方向］ボタン→［左へ90度回転］、または［右へ90度回転］をクリックすると、文字を横に寝かせた形で縦に表示します。右図は［左へ90度回転］を選択した例です❹。

角度を指定して回転させる

データの回転角度を細かく調整したい場合は、次の手順を実行します。

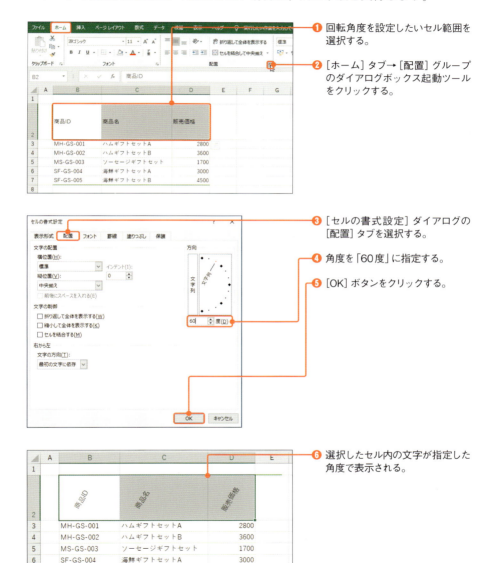

❶ 回転角度を設定したいセル範囲を選択する。

❷ [ホーム] タブ→ [配置] グループのダイアログボックス起動ツールをクリックする。

❸ [セルの書式設定] ダイアログの [配置] タブを選択する。

❹ 角度を「60度」に指定する。

❺ [OK] ボタンをクリックする。

❻ 選択したセル内の文字が指定した角度で表示される。

Table Design and Conditional Formatting

Sample_Data/04-08/

08 セル内の文字を縦書きにする

一部のセルを縦書きで表示する

セル内の文字を縦書きで表示することも可能です。

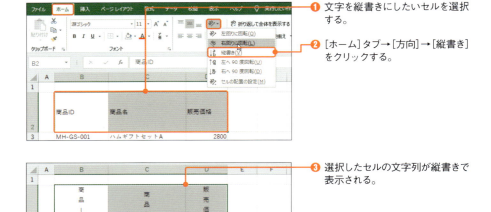

❶ 文字を縦書きにしたいセルを選択する。

❷ [ホーム]タブ→[方向]→[縦書き]をクリックする。

❸ 選択したセルの文字列が縦書きで表示される。

使えるプロ技！ 縦書きとセルの結合を組み合わせる

　Excelのワークシートでは、同じ行のセルの高さは同じになるため、通常のレイアウトで横書きのセルと縦書きのセルを混在させるのは困難です。

　縦書きのセルが活躍するのは、複数の行を結合して1つの見出しを作る場合です。下図では、セル範囲B3:B5、およびセル範囲B6:B7を結合したうえで、B列に縦書きを設定してます。このようにすると、スリムで見やすい見出しを作ることができます。セルの結合方法については p.154 を参照してください。

152

09 文字を字下げする

インデントを設定する

　セル内の文字を**左揃え**、または**右揃え**にしている場合、通常は、その左右の端との間に空きはありません。セルに「インデント」を設定することで、その左右の端に空きを作ることができます。また、インデントは1段階だけでなく、数段階にわたって設定することが可能です。

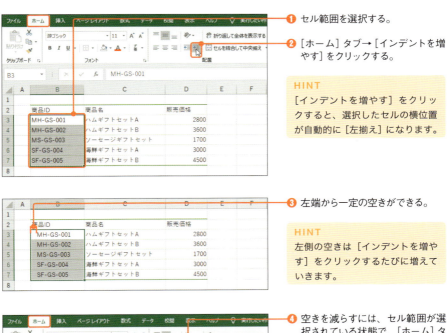

❶ セル範囲を選択する。

❷ ［ホーム］タブ→［インデントを増やす］をクリックする。

HINT
［インデントを増やす］をクリックすると、選択したセルの横位置が自動的に［左揃え］になります。

❸ 左端から一定の空きができる。

HINT
左側の空きは［インデントを増やす］をクリックするたびに増えていきます。

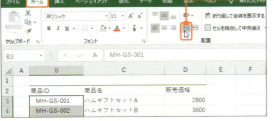

❹ 空きを減らすには、セル範囲が選択されている状態で、［ホーム］タブの［インデントを減らす］をクリックする。

HINT
セルを右揃えにしてからインデントを設定することで、右側に空きを作ることもできます。

10 複数のセルを1つにする

セルを結合して中央揃えにする

　表をデザインする際に、2つ分、あるいはそれ以上のセルのスペースに1つのデータを表示させたい場合があります。このようなときは、「セルの結合」機能が利用できます。表の範囲の幅全体の中央に見出しを表示させたい場合は、そのセルを結合して、その中で中央揃えにする方法が簡単です。

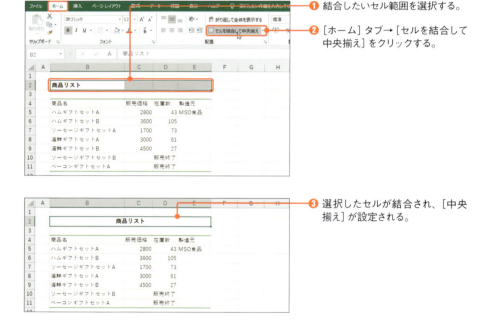

❶ 結合したいセル範囲を選択する。

❷ [ホーム] タブ→ [セルを結合して中央揃え] をクリックする。

❸ 選択したセルが結合され、[中央揃え] が設定される。

　なお、選択範囲にもともとデータが入力されていた場合は、その中の先頭（最も左上にあるセル）のデータが、そのまま結合セルのデータになります。複数のセルにデータが入力されていた場合は、先頭以外のデータが失われることを警告するメッセージが表示されます。

セル範囲を結合する

中央揃えは設定せず、単にセルの結合だけを実行することも可能です。

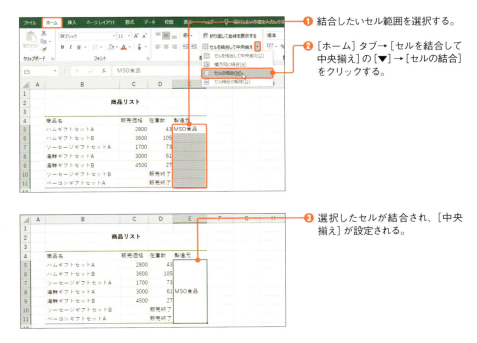

❶ 結合したいセル範囲を選択する。

❷ [ホーム] タブ→ [セルを結合して中央揃え] の [▼] → [セルの結合] をクリックする。

❸ 選択したセルが結合され、[中央揃え] が設定される。

使えるプロ技！ 選択範囲を行単位で結合する

複数行×複数列のセル範囲を対象に、その各行を1行ずつ結合することも可能です。

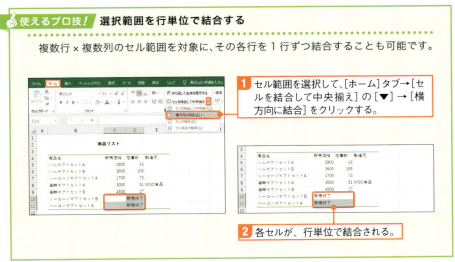

❶ セル範囲を選択して、[ホーム] タブ→ [セルを結合して中央揃え] の [▼] → [横方向に結合] をクリックする。

❷ 各セルが、行単位で結合される。

11 同じ列の文字列の幅を揃える

均等割り付けを設定する

文字数の異なる見出しが縦に並んでいる列で、それらの横幅をすべて揃えたい場合は「**均等割り付け**」を利用します。両端に空きを作りたい場合は「**インデント**」も組み合わせます。

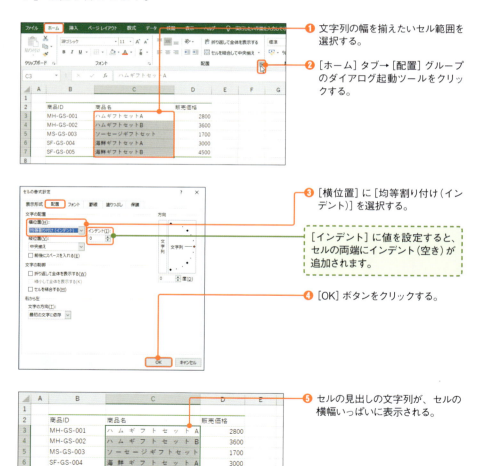

12 文字列をセル内で折り返す

折り返して全体を表示する

入力した文字列がセルの幅よりも長くなってしまった場合の対処方法の1つに、文字列をセルの右端いっぱいで折り返して表示する方法があります。

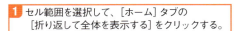
1 セル範囲を選択して、[ホーム] タブの [折り返して全体を表示する] をクリックする。

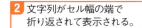
2 文字列がセル幅の端で折り返されて表示される。

> 📝 Memo
> セルの行の高さはセル内の行数に応じて自動的に広がります。ただし、その前に手動で行の高さを変えていた場合は変化しません。

指定した位置で折り返す

自動的に折り返すのではなく、折り返す位置をユーザーが決めたい場合は、改行したい位置にカーソルを置き、Alt+Enterを押します。

1 改行したい位置にカーソルを置き、Alt+Enterを押す。

2 カーソルの位置で改行される。

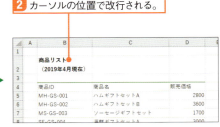

157

13 文字列をセル幅に合わせて縮小する

縮小して全体を表示する

文字列がセルの幅よりも長くなってしまった場合には、その幅に収まるように文字列を縮小するという対処法もあります。フォントサイズを手動操作で縮小するのではなく、**セルの幅に収まるサイズに自動的に縮小表示**することが可能です。

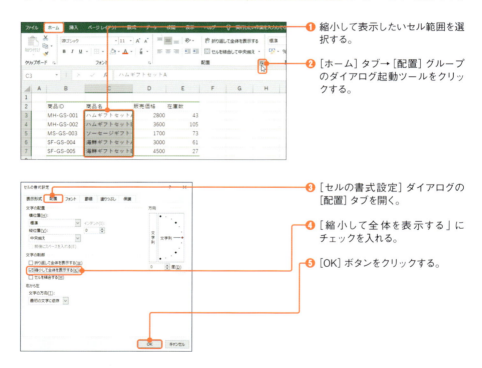

❶ 縮小して表示したいセル範囲を選択する。

❷ [ホーム] タブ→ [配置] グループのダイアログ起動ツールをクリックする。

❸ [セルの書式設定] ダイアログの [配置] タブを開く。

❹ [縮小して全体を表示する] にチェックを入れる。

❺ [OK] ボタンをクリックする。

❻ 選択したセルの文字列が、自動的に縮小されて表示される。

14 数字に通貨記号を付ける

「通貨」の表示形式を設定する

　金額を表す数値には「¥」(円記号)などを付けて表すと、その数字の意味がわかりやすくなります。Excelには表示形式として**通貨形式**が用意されています。この形式を使用すれば、**通貨記号**と**桁取りのカンマ**を付けることが可能です。

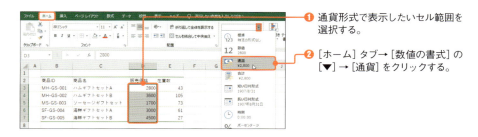

❶ 通貨形式で表示したいセル範囲を選択する。
❷ [ホーム]タブ→[数値の書式]の[▼]→[通貨]をクリックする。

❸ 数値に「¥」と「,」が付き、右側に少し空きができる。

　なお、[ホーム]タブ→[通貨表示形式]をクリックすることでも、セルを通貨形式に変更できます。ただし、この設定の場合、数値の右側に空きはできません。

❶ セル範囲を選択後、[ホーム]タブ→[通貨表示形式]をクリックする。

HINT
この操作では、上記の[数値の書式]から変更する場合と異なり、セルのスタイル(p.174)が「標準」から「通貨」に変更されます。

Table Design and Conditional Formatting　　　　　　　　　　Sample_Data/04-15/

15 桁カンマ付きの数値形式で表示する

「数値」の表示形式を設定する

　［ホーム］タブ→［数値の書式］の［▼］→［数値］を選択すると❶、選択範囲に「数値」の表示形式が設定されます。この形式では、数字の右側に少し空きができ、小数点以下の値がある場合も整数桁だけが表示されます。

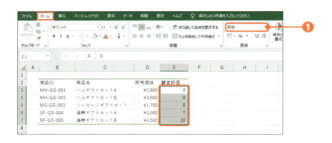

　ただし、この表示形式では、4桁以上の数値の場合、「通貨」形式のように桁区切りの「,」（カンマ）は表示されません❷。

　桁カンマ付きで表示する方法には、［ホーム］タブ→［桁区切りスタイル］をクリックして、選択範囲に桁カンマ付きの表示形式を設定する方法もありますが、**この方法では、セルの右側に空きができません**。実は、この操作は、「桁区切りスタイル」というスタイル（**p.174** 参照）を適用するもので、設定される表示形式も「数値」ではなく、**「¥」記号のない「通貨」**形式です。

　「数値」形式で桁カンマ付きの表示形式にしたい場合は、次のようにします。

1. 表示形式を設定したいセル範囲を選択する。

2. [ホーム] タブ→ [数値] グループのダイアログボックス起動ツールをクリックする。

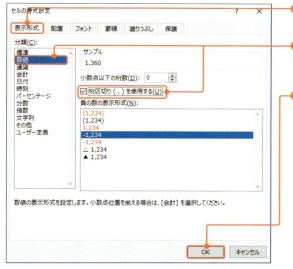

3. [セルの書式設定] ダイアログの [表示形式] タブを選択する。

4. [分類] に [数値] を選択し、[桁区切り (,) を使用する] にチェックを入れる。

5. [OK] ボタンをクリックする。

6. 選択範囲の各セルの数値に桁カンマが表示され、右側に空きができる。

📝 Memo

「数値」の表示形式で小数点以下の桁を表示させたい場合は、先に [数値の書式] を「数値」に変更してから、[ホーム] タブ→ [小数点以下の表示桁数を増やす] をクリックします (p.164)。

Table Design and Conditional Formatting　　　　　　　　　　　　　　Sample_Data/04-16/

16　日付を和暦で表示する

日付の表示形式を設定する

　セルに「2019/5/20」のように日付と見なせるデータを入力すると、そのセルには、自動的に「日付」の表示形式が設定されます。入力時に日付と見なされる形式は上記以外にもいくつかあり、その入力データに応じた日付の表示形式が、セルに自動的に設定されます。

　入力済みの日付データの表示形式も、[ホーム] タブ→ [数値の書式] から変更可能です。ただし、この操作で選択できる日付の形式は「2019/5/20」のような「短い日付形式」か、「2019年5月20日」のような「長い日付形式」のいずれかのみとなります❶。

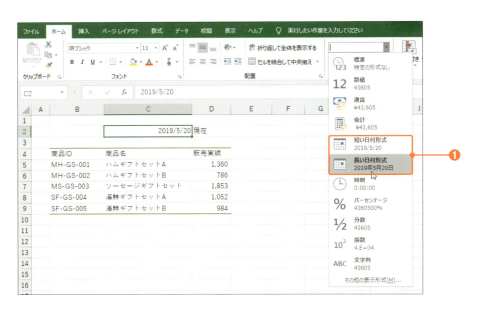

　西暦の形式で入力された日付データに、これら以外の日付の形式（例えば、和暦の元号付きの日付の形式）を設定したい場合は、ダイアログで設定する必要があります。ダイアログで設定するには、次の手順を実行します。

❶ 表示形式を設定したいセル範囲を選択する。

❷ [ホーム]タブ→[数値]グループのダイアログボックス起動ツールをクリックする。

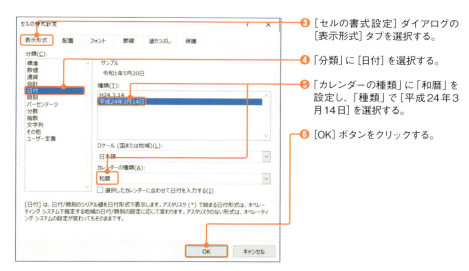

❸ [セルの書式設定]ダイアログの[表示形式]タブを選択する。

❹ 「分類」に[日付]を選択する。

❺ 「カレンダーの種類」に「和暦」を設定し、「種類」で[平成24年3月14日]を選択する。

❻ [OK]ボタンをクリックする。

❼ 選択範囲の日付が和暦の形式に変更される。

HINT

最初からセルに「令和○年○月○日」のように入力しても、その和暦の表示形式が設定された日付データになります。

📖 Memo

Excelの日付データの実体は、1900年1月1日を「1」とし、そこから1日経過するごとに1ずつ増えていく整数のデータです(p.106)。日付のセルの表示形式を「標準」などに変更すると、その整数の値を確認できます。

Chapter 04 ワンランク上の「見やすい表デザイン」の作り方

163

17 小数点以下の表示桁数を変更する

小数第1位まで表示する

　Excelの通常の表示形式である「標準」では、小数点以下は実際の値に応じて表示され、小数点以下の値がない場合は何も表示されません。縦に並んだセル範囲で数値の桁を揃えて表示させたい場合などに、値の有無に関わらず、常に一定の桁数で小数点以下を表示させることも可能です。

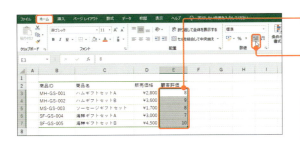

❶ 表示桁数を設定したいセル範囲を選択する。

❷ [ホーム]タブ→[小数点以下の表示桁数を増やす]をクリックする。

HINT
設定されている表示形式によっては、小数点以下の表示桁数を変更できない場合もあります。

❸ 選択範囲のすべての数値が小数第1位までの表示になる。

HINT
ボタンを繰り返しクリックすると、その分だけ小数点以下の表示桁数が増えていきます。

　元の表示形式が「標準」だった場合、この操作で、表示形式が「ユーザー定義」に変わります。「数値」や「通貨」などの表示形式が設定されていた場合は、その表示形式のまま、小数点以下の表示桁数が増えます。表示桁数を減らしたい場合は、[小数点以下の表示桁数を減らす]ボタンをクリックします❹。

Table Design and Conditional Formatting

18 独自の表示形式を定義する

数値に「円」を付けて表示する

Excelには、セルの表示形式として「数値」や「通貨」、「日付」など、いろいろな種類が用意されていますが、表示方法を指定するための「書式記号」を組み合わせて独自の表示形式を設定することも可能です。

まずは、数値の後に「円」と付ける表示形式を設定してみます。

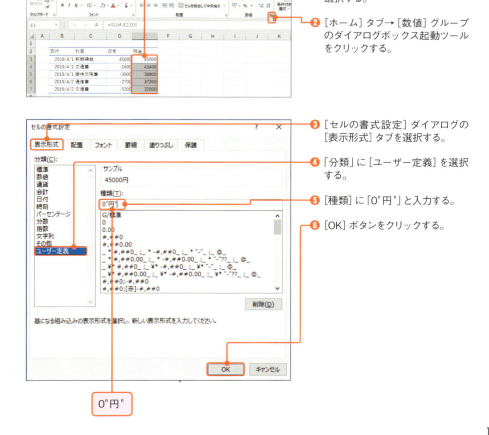

❶ 表示形式を設定したいセル範囲を選択する。

❷ [ホーム] タブ→ [数値] グループのダイアログボックス起動ツールをクリックする。

❸ [セルの書式設定] ダイアログの [表示形式] タブを選択する。

❹ 「分類」に [ユーザー定義] を選択する。

❺ [種類] に「0"円"」と入力する。

❻ [OK] ボタンをクリックする。

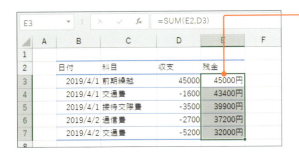

　[種類] に指定した書式記号の「0」は**数字をそのまま表す指定**です。値が0の場合はそのまま「0」を表示します。また、「""」で囲んで文字列を指定すると、その文字列がそのまま表示されます。設定しているのは表示形式だけなので、セルの実際のデータは変更されません。

既存の表示形式を流用する

　表示形式のユーザー定義で使用できる書式記号にはさまざまな種類があるため、そのすべてを理解し、暗記するのは大変ですし、効率的ではありません。

　設定したい表示形式に近いものが、既存の表示形式の中にある場合は、**その書式記号を修正して流用する方法**が便利です。

> 📝 **Memo**
> セルの表示形式を「通貨」に設定する方法については、p.159 を参照してください。

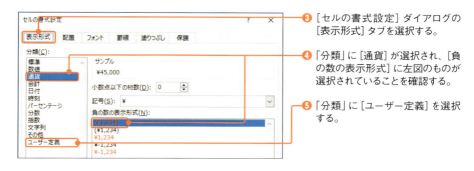

❸ [セルの書式設定] ダイアログの [表示形式] タブを選択する。

❹ 「分類」に [通貨] が選択され、[負の数の表示形式] に左図のものが選択されていることを確認する。

❺ 「分類」に [ユーザー定義] を選択する。

❻ [種類] が左図のように指定されているので、今回はこの書式を流用(カスタマイズ)して、オリジナルの表示書式を作成する。

❼ 「種類」の入力値を「#,##0"円"_);[赤](#,##0"円")」に編集する。

HINT

ここでは、元々あった先頭の「¥」を削除し、末尾に「"円"」を追加しています。

❽ [OK] ボタンをクリックする。

❼ 桁カンマと右側の空きはそのままで、「¥」の代わりに「円」が表示された通貨の形式になる。

上記で入力した「#,##0"円"_);[赤](#,##0"円")」を詳しく説明します。

● 表示書式

書式	説明
#	1桁の数字を表す。「#,##0」と指定することで、3桁めに桁カンマを含む数字となる。なお、その桁に値がないときは何も表示しない
,	桁カンマの指定
_	次に指定した文字分の空白を空ける指定。ここでは、「_)」と指定することで、セルの値が正の数であった場合に、値の末尾に「)」と同じ幅の空白を空けている。この空白を指定することで、末尾の数値の位置を負の数と揃えている
;	「;」で区切ることで負の数の場合の表示形式が指定できる。つまり、「;」よりも右側に記載されている「[赤](#,##0"円")」はすべてセルの値が負の値であった場合の指定。さらに「;」で区切って、0の場合と文字列の場合も指定可能
( )	値を「()」（カッコ）で囲む
[赤]	以降の指定内容（ここでは負の数）を赤い文字で表す

書式　セルの表示書式の例

19 漢字の読みを表示する

ふりがなは自動設定される

セルに漢字を含む日本語の文字列を入力すると、変換前の読みの情報に基づいて、自動的にそのセルに「ふりがな」が設定されます。このふりがなはセルの並べ替えなどで使用されますが、セル上に表示させることも可能です。

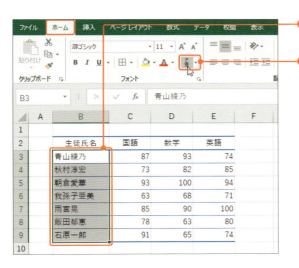

❶ ふりがなを表示したいセル範囲を選択する。

❷ [ホーム] タブ→ [ふりがなの表示/非表示] をクリックする。

❸ 各セルにふりがなが表示される。

HINT
初期状態で登録されているふりがなは、みなさんがデータを入力した際に指定したひらがなです。別のアプリなどからデータをコピペした場合など、ふりがなの登録情報が存在しない場合もあります。

ふりがなを編集する

セルに表示したふりがなが間違っている場合は、対象のセルをダブルクリックして、ふりがなの内容を編集します。

1 対象のセルをダブルクリックする。　**2** カーソルを移動して、ふりがなを修正する。

> 🌱 **使えるプロ技！** ふりがなが登録されていない場合の対処方法
>
> Excel以外のアプリから文字データをコピペした場合など、そもそもふりがなが登録されていないケースもあります。この場合は、[ふりがなの表示/非表示]をクリックしても、ふりがなは表示されません。
>
> このような場合は、対象のセルを選択し、[ホーム]タブ→[ふりがなの表示/非表示]ボタンの[▼]→[ふりがなの編集]をクリックします❸。
>
>
>
> この操作は、本来は選択したセルのふりがなを編集状態にするものですが、そのセルにふりがなが設定されていない場合は、漢字から推測されるふりがなが自動的に設定されます。
>
> ただし、自動設定されるふりがなはあくまでも推測値です。間違ったふりがなが設定されることも多々あります。特に人名や地名の場合は必ず内容を確認するようにしてください。また、誤ったふりがなが自動設定された場合は、上記の手順で適宜修正してください。

Table Design and Conditional Formatting　　　　　　　　　　Sample_Data/04-20/

20　ふりがなの表示設定を変更する

[ふりがなの設定] ダイアログの設定方法

　セルのふりがなは、通常、カタカナで表示されます。これをひらがなの表示に変更したり、表示されるふりがなの書式を変更したりすることも可能です。

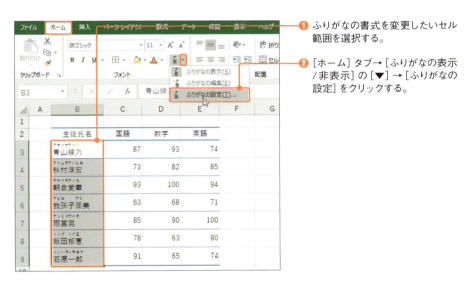

❶ ふりがなの書式を変更したいセル範囲を選択する。

❷ [ホーム] タブ→ [ふりがなの表示/非表示] の [▼] → [ふりがなの設定] をクリックする。

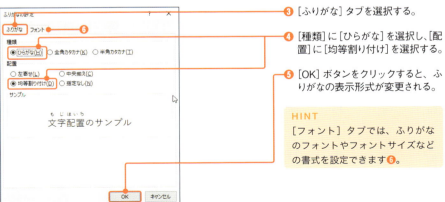

❸ [ふりがな] タブを選択する。

❹ [種類] に [ひらがな] を選択し、[配置] に [均等割り付け] を選択する。

❺ [OK] ボタンをクリックすると、ふりがなの表示形式が変更される。

HINT
[フォント] タブでは、ふりがなのフォントやフォントサイズなどの書式を設定できます❻。

Chapter 04　ワンランク上の「見やすい表デザイン」の作り方

171

21 複雑な書式設定を一秒で適用する

繰り返し機能を活用する

　同じ書式を連続して設定したい場合は、繰り返し機能を利用すると効率よく作業を進められます。特に「複数の書式の組み合わせ」を複数箇所にまとめて設定したい場合に効果的です。

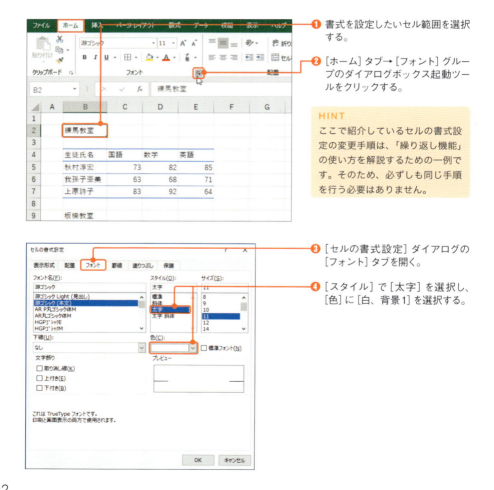

❶ 書式を設定したいセル範囲を選択する。

❷ [ホーム] タブ→ [フォント] グループのダイアログボックス起動ツールをクリックする。

HINT
ここで紹介しているセルの書式設定の変更手順は、「繰り返し機能」の使い方を解説するための一例です。そのため、必ずしも同じ手順を行う必要はありません。

❸ [セルの書式設定] ダイアログの [フォント] タブを開く。

❹ [スタイル] で [太字] を選択し、[色] に [白、背景1] を選択する。

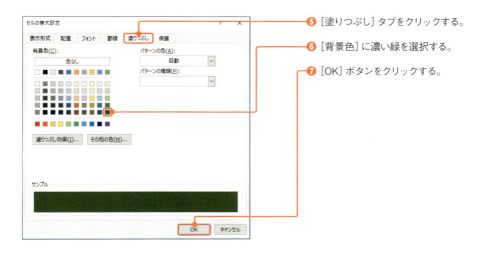

❺ [塗りつぶし] タブをクリックする。

❻ [背景色] に濃い緑を選択する。

❼ [OK] ボタンをクリックする。

❽ 指定したフォントと塗りつぶしの書式が設定される。

❾ 同じ書式を設定したいセル範囲を選択して、Ctrl+Yを押す。

❿ 同じ書式が設定される。

HINT
この繰り返しは、何か別の操作をするか、または Excel を終了するまで有効です。

📝 **Memo**

操作が記録されるのは、[書式設定] ダイアログを開いてから、閉じるまでの間です。この後、別のワークシート、あるいは別のブックのシートを開き、そのセル範囲に対して、Ctrl+Yで同じ書式の組み合わせを設定していくことが可能です。

Table Design and Conditional Formatting　　　　　　　　　　Sample_Data/04-22/

22 書式の組み合わせを瞬時に設定する

「スタイル」を適用する

　Excelには、複数の書式のさまざまな組み合わせが、あらかじめ「スタイル」として登録されています。これを利用することで、簡単に目的の書式をセルに適用できます。

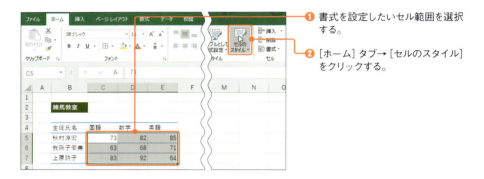

❶ 書式を設定したいセル範囲を選択する。

❷ ［ホーム］タブ→［セルのスタイル］をクリックする。

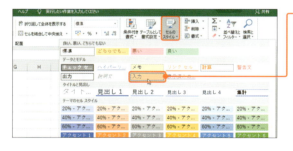

❸ このブックで使用可能なスタイルの一覧が表示される。ここでは［入力］をクリックする。

HINT
各スタイルは「データとモデル」や「タイトルと見出し」などのカテゴリに分類されています。目的に応じて適切なスタイルを適用してください。

❹ セル範囲に指定したスタイルの書式が設定される。

Table Design and Conditional Formatting　　　Sample_Data/04-23/

23 スタイルの内容を変更する

複数箇所のスタイルの設定を変更する

　セルのスタイルに設定されている複数の書式は、ユーザーが自由に変更できます。ここでは、下図の２箇所のセル範囲に設定されているスタイルの書式を変更する方法を説明します。

❶ 下図の２箇所に設定されているスタイルを変更する。

❷ ［ホーム］タブ→［セルのスタイル］→［入力］の上で右クリックし、［変更］をクリックする。

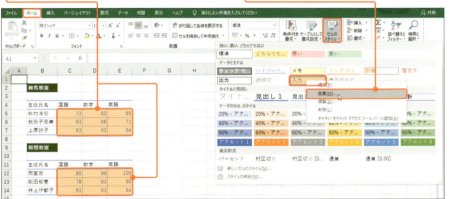

❸ ［スタイル］ダイアログで［書式設定］ボタンをクリックする。

HINT
［スタイルに設定されている書式］エリアで、［入力］スタイルに設定されている書式の内容を確認できます。

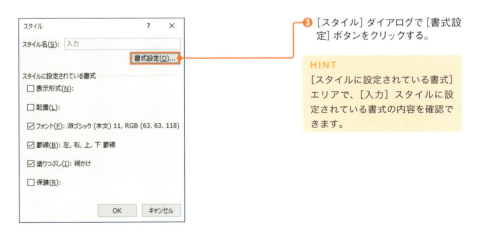

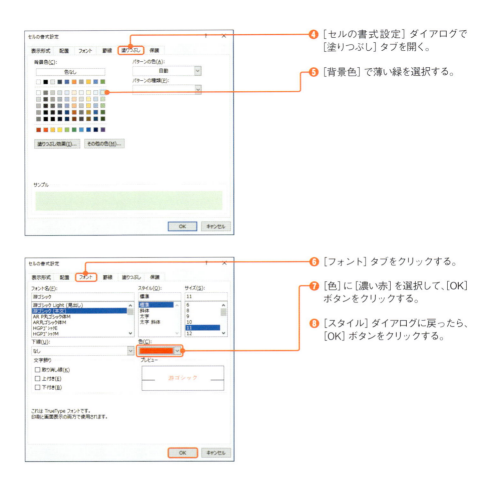

④ [セルの書式設定] ダイアログで [塗りつぶし] タブを開く。

⑤ [背景色] で薄い緑を選択する。

⑥ [フォント] タブをクリックする。

⑦ [色] に [濃い赤] を選択して、[OK] ボタンをクリックする。

⑧ [スタイル] ダイアログに戻ったら、[OK] ボタンをクリックする。

⑨ [入力] スタイルの書式が変更されたため、このスタイルが適用されているセルの書式も一括で、すべて変更される。

HINT

スタイルの設定は、ブック単位で記録されています。ここでの変更内容も、このブック内でのみ有効です。

Table Design and Conditional Formatting　　　　　　　　Sample_Data/04-24/

24　独自のスタイルを定義する

セルのスタイルを追加する

　セルのスタイルは、あらかじめ用意されているものだけでなく、ユーザーが独自に追加登録することも可能です。ただし、この設定はブック単位で登録されるものなので、他のブックでは使用できません。この点には注意してください。

❶ スタイルに登録したい書式が設定されているセルを選択する。

❷ [ホーム] タブ→ [セルのスタイル] → [新しいセルのスタイル] をクリックする。

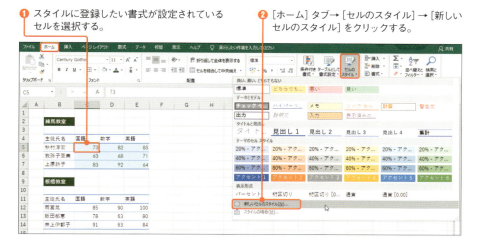

❸ [スタイル名] に、登録したいスタイル名を入力する。

❹ 手順❶で選択したセルに設定されている書式が自動的に設定されている。[書式設定] ボタンをクリックして設定内容を変更することも可能。

❺ 登録しない書式はチェックを外し、[OK] ボタンをクリックする。

❻ 登録したスタイルが [セルのスタイル] の一覧に追加される。

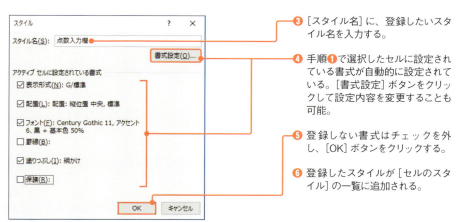

Table Design and Conditional Formatting

25 特定の条件を満たす場合のみ、セルの書式を変更する

「条件付き書式」を活用する

　「セルの値が特定の数値の場合」や「セルの値が基準の値以上の場合」といった、何らかの条件を満たした場合のみ、セルの書式を変更したい場合があります。このような作業を1つずつ手作業で処理していては時間がいくらあっても足りません。また、該当するセルを見落とす可能性もあります。

　このような場合に便利なのが「条件付き書式」です。この機能を利用することで、指定した条件を満たすセルの書式を簡単に変更することができます。

　ここではまず、「点数が275より大きいセル」のみに、濃い緑の文字と緑の背景を設定する方法を紹介します。

❶ 条件付き書式を設定したいセル範囲を選択する。

❷ [ホーム]タブ→[条件付き書式]→[セルの強調表示ルール]→[指定の値より大きい]をクリックする。

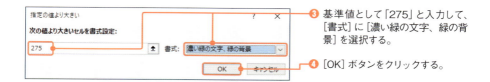

❸ 基準値として「275」と入力して、[書式]に[濃い緑の文字、緑の背景]を選択する。

❹ [OK]ボタンをクリックする。

❺ 選択範囲の中で、入力されている値が「275」よりも大きいセルのみ、書式が変更される。

> **Memo**
>
> 「セルの強調表示ルール」では上記のほかに、「指定の値より小さい」、「指定の範囲内」、「日付」など、さまざまな条件を設定できます。

上位 / 下位ルールを設定する

　選択範囲の数値の中で<u>上位または下位から指定した順番以内のセルの書式を変化させることも可能</u>です（例えば、上位 10 位以内など）。

　ここでは、点数が下位 5 位以内のセルを濃い赤の太字で表示してみましょう。

❶ 条件付き書式を設定したいセル範囲を選択する。

> **HINT**
>
> 左図の表には、上記で指定した条件付き書式が設定されています。表内でセルの背景が緑色のセルは「入力値が 275 以上」のセルです。詳しくは前ページを参照してください。

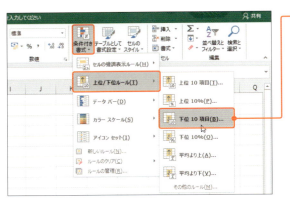

❷ [ホーム] タブの [条件付き書式] ボタン→[上位/下位ルール] →[下位10項目] をクリックする。

❸ 「5」と入力する。

❹ [書式] に [ユーザー設定の書式] を選択する。

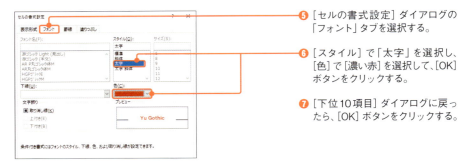

❺ [セルの書式設定] ダイアログの「フォント」タブを選択する。

❻ [スタイル] で「太字」を選択し、[色] で [濃い赤] を選択して、[OK] ボタンをクリックする。

❼ [下位10項目] ダイアログに戻ったら、[OK] ボタンをクリックする。

❽ 下位5番以内の点数のセルの書式が変更される(赤文字になる)。

HINT

左図の表には、2種類の条件付き書式が設定されています。
1つは「入力値が275以上」のセルを緑色にする条件 (p.178)。
もう1つは「下位5番以内の点数」を赤文字にする条件です。

26 オリジナルの条件付き書式を設定する

条件を「数式」で設定する

　Excelには「セルの強調表示ルール」や「上位/下位ルール」など、さまざまな条件があらかじめ用意されていますが（p.178）、専用のダイアログを使って、オリジナルの条件を細かく設定することも可能です。たとえば、あるセルの値を条件として、別のセルの書式を変更することもできます。

　ここでは「同じ行のE列のセルの日付が、セルD1の値（今日の日付）から5日以内」である場合に行全体の背景色を薄いオレンジに変更する条件を設定します。

❶ 条件付き書式を設定したいセル範囲を選択する。

❷ [ホーム]タブの[条件付き書式]→[新しいルール]をクリックする。

設定済みの条件を取り消すには[ルールのクリア]をクリックします。

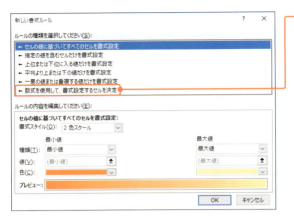

❸ ルールの種類として、[数式を使用して、書式設定するセルを決定]を選択する。

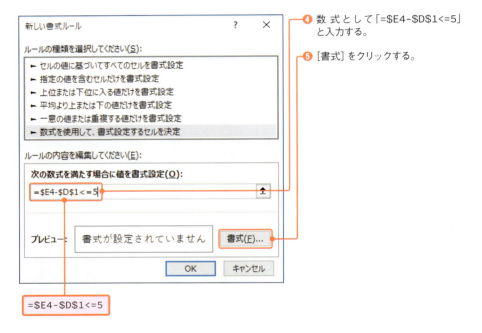

❹ 数式として「=$E4-$D$1<=5」と入力する。

❺ [書式]をクリックする。

=$E4-$D$1<=5

> 📝 Memo
>
> ここで指定している数式「=$E4-$D$1<=5」が今回の条件になります。「セル E4 の値とセル D1 の値の差が 5 以下の場合にこの書式を設定する」という意味です。セル範囲に対して数式で条件を設定する場合、数式中のセル参照は選択範囲中のアクティブセル（色の薄いセル）、つまりこの例の場合はセル B4 を基準として設定します。
> なお、セル番地の前についている「$」は、その列・行を絶対参照、または複合参照する場合に指定する記号です。次ページを参照してください。

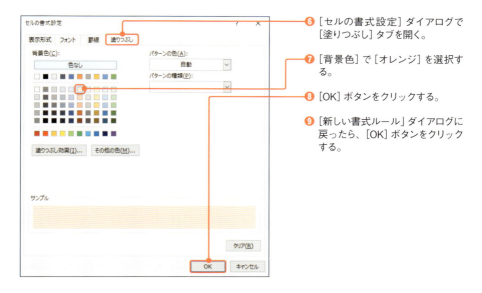

❻ [セルの書式設定] ダイアログで [塗りつぶし] タブを開く。

❼ [背景色] で [オレンジ] を選択する。

❽ [OK] ボタンをクリックする。

❾ [新しい書式ルール] ダイアログに戻ったら、[OK] ボタンをクリックする。

❿ E列のセルの日付が、セルD1の値（今日の日付）から5日以内である行の書式が変化する。

使えるプロ技！ 絶対参照と複合参照を使い分ける

　今回、条件に指定した数式では、「$E4」のように行番号の前だけに「$」を付けた複合参照にしているので、選択範囲内のどのセルであっても「E」という列の指定は変化しません。一方、基準のセルB4と同じ「4」という行の指定はセルによって変化し、どのセルでも常に同じ行を表す番号になります。

　「$D$1」は絶対参照なのでどのセルでも変化しません。つまり、同じ行のE列のセルの値からD1セルの値を引いた結果が「5以下」かどうかを、TRUEまたはFALSEを返す論理式として求めています。この結果がTRUEの場合だけ、指定した書式が設定されます。

　絶対参照と複合参照の基本については、p.205を参照してください。

27 データバーやカラースケールを表示する

条件付き書式のワンランク上の使い方

「条件付き書式」の機能を使うと、条件に応じてセルに一般的な書式を設定できるだけでなく、使い方によっては、通常は設定できない特殊な書式を設定することも可能です。

まず、各セル内に「データバー」(数値の大きさに応じた長さのバー)を表示しましょう。

❶ データバーを表示させたいセル範囲を選択する。

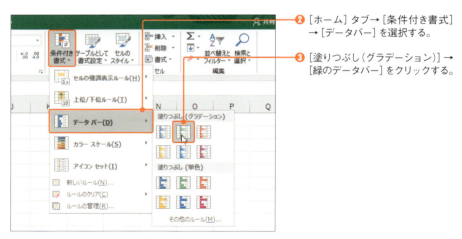

❷ [ホーム] タブ→ [条件付き書式] → [データバー] を選択する。

❸ [塗りつぶし (グラデーション)] → [緑のデータバー] をクリックする。

❹ 値の大きさに応じた長さの緑のバーが表示される。

カラースケールを利用する

次に、対象の範囲の各セルの値の大きさに応じて、設定した2色または3色の間でセルの色を段階的に変化させます。

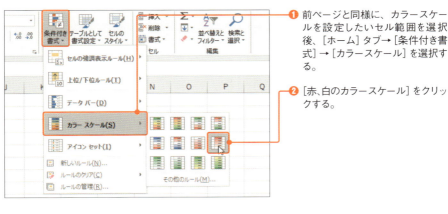

❶ 前ページと同様に、カラースケールを設定したいセル範囲を選択後、［ホーム］タブ→［条件付き書式］→［カラースケール］を選択する。

❷ ［赤、白のカラースケール］をクリックする。

❸ 数値が大きいほど赤が濃くなり、小さいほど白に近い色になる。

28 条件付き書式の設定内容を変更する

設定済みルールの一覧を確認する

条件付き書式で設定した条件と書式のセットのことを「ルール」と呼びます。設定済みのルールは、後から条件や書式を変更したり、複数のルールの適用順序を変更したりすることが可能です。

❶ 条件付き書式が設定されているセル範囲を選択する。

❷ [ホーム]タブ→[条件付き書式]→[ルールの管理]をクリックする。

HINT
新規にルールを追加するには[新しいルール]をクリックします(p.181)。また、設定済みのルールを取り消すには[ルールのクリア]をクリックします。

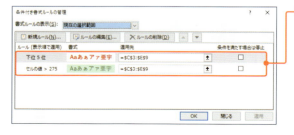

❸ [条件付き書式ルールの管理]ダイアログに、選択したセル範囲に設定されたルールの一覧が表示される。

使えるプロ技！ ルールの適用順序

1つのセルに複数のルールが適用されている場合、[条件付き書式ルールの管理]ダイアログでは、後から設定したものほど上部に表示されます。そして、ルールの内容（例えば、塗りつぶしの色など）が、ルール間で競合した場合は、より上部にあるルールが優先されます。

優先順位を変更したい場合は、対象のルールを選択後、[上へ移動]または[下へ移動]ボタンをクリックして順番を変更します❶。

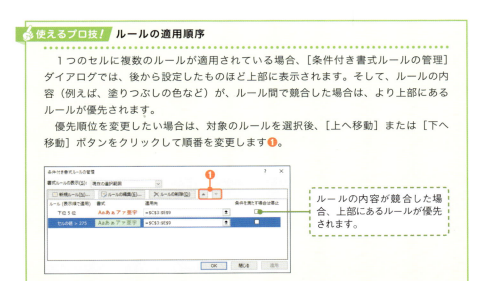

ルールの内容が競合した場合、上部にあるルールが優先されます。

ルールの設定を変更する

設定済みのルールを変更するには、[条件付き書式ルールの管理]ダイアログの[ルールの編集]ボタンをクリックします。

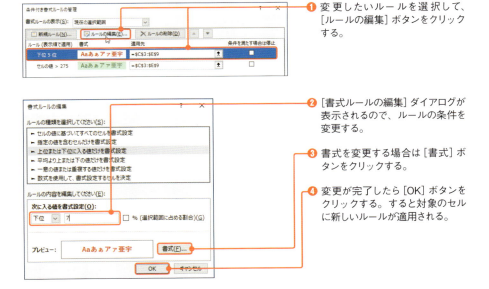

❶ 変更したいルールを選択して、[ルールの編集]ボタンをクリックする。

❷ [書式ルールの編集]ダイアログが表示されるので、ルールの条件を変更する。

❸ 書式を変更する場合は[書式]ボタンをクリックする。

❹ 変更が完了したら[OK]ボタンをクリックする。すると対象のセルに新しいルールが適用される。

29 セル内に簡易グラフを表示する

スパークラインを利用する

　描画オブジェクトとして作成するグラフ（第8章を参照）は、セルのデータと位置を合わせて印刷するのがやや面倒です。「スパークライン」を利用すれば、同じ行の一連のデータを使って、隣接するセルに簡易な折れ線グラフなどを表示できます。

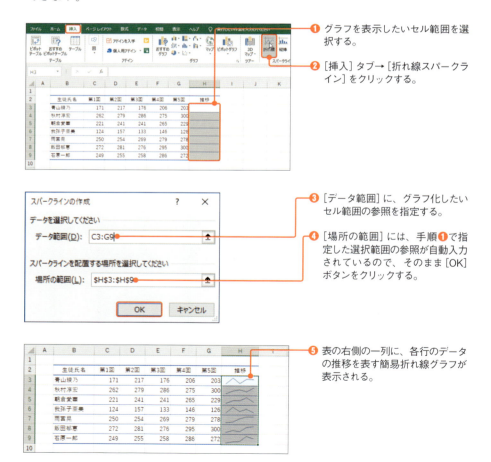

❶ グラフを表示したいセル範囲を選択する。

❷ [挿入] タブ→ [折れ線スパークライン] をクリックする。

❸ [データ範囲] に、グラフ化したいセル範囲の参照を指定する。

❹ [場所の範囲] には、手順❶で指定した選択範囲の参照が自動入力されているので、そのまま [OK] ボタンをクリックする。

❺ 表の右側の一列に、各行のデータの推移を表す簡易折れ線グラフが表示される。

Table Design and Conditional Formatting　　　　　　　　　　　　Sample_Data/04-30/

30 ワンクリックで、ブックの全体的なイメージを変える

ブックのテーマを変更する

　ブックには、基本的に使用する色の組み合わせや基本的なフォントを登録した「テーマ」が用意されています。基本のテーマは「Office」テーマですが、別のテーマに切り替えることで、ブック全体の印象を簡単に変更できます。

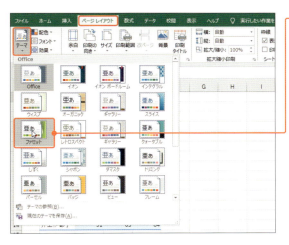

❶ [ページレイアウト] タブ→[テーマ] から、任意のテーマをクリックする（ここでは[ファセット]）。

HINT
テーマの変更はブックの中だけで有効です。他のブックを表示したときには、それぞれのブックに設定されたテーマで表示されます。

❷ ブック内の設定済みの色やフォントの設定がまとめて変化する。

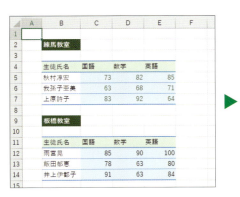 

189

Table Design and Conditional Formatting　　　　Sample_Data/04-31/

31 テーマの配色や
フォントを個別に変更する

テーマの配色を変更する

テーマを変更すると以下の3つの要素が変化します。

（1）塗りつぶしなどに使用される「テーマの色」の組み合わせ
（2）見出し用と本文用のフォントの組み合わせ
（3）図形の効果の設定

これらの要素は、==個別に変更する==ことも可能です。テーマの色の組み合わせだけを変更するには次の手順を実行します。

❶ [ページレイアウト] タブ→ [配色] から、色の組み合わせをクリックする（ここでは [オレンジ]）。

HINT
このメニューの最下部にある [色のカスタマイズ] を選ぶと、テーマの色として表示される配色のパターンを独自に設定できます。

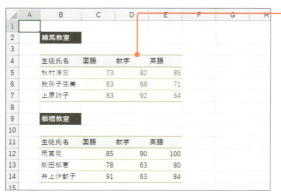

❷ このブック内で、「テーマの色」が設定されているセルが変化する。

HINT
同様に、[ページレイアウト] タブの [配色] の下部にある [フォント] をクリックすることで、テーマのフォントを個別に変更できます。また、[効果] をクリックすることで、テーマの図形の効果を個別に設定できます。

Chapter

05

仕事で使える！
データ集計・分析の基本と実践

Basic Knowledge of Data Analysis

Basic Knowledge of Data Analysis　　　　　　　　　　　Sample_Data/05-01/

01　表を成績順に並べ替える

行単位で降順に並べ替える

　リスト（p.195）、またはテーブル（p.280）に変換された表のデータは、特定の列の値を基準として、行単位で並べ替えることができます。数値の小さい順、または文字列のアルファベット順や五十音順で並べることを「昇順」、その逆順で並べることを「降順」といいます。漢字を含む日本語の文字列の場合は通常、そのセルに自動的に設定された漢字のふりがな（p.169）に基づいて、五十音順かその逆順で並べ替えられます。

　ここでは、「合計」列の数値の大きい順に並べ替えてみましょう。

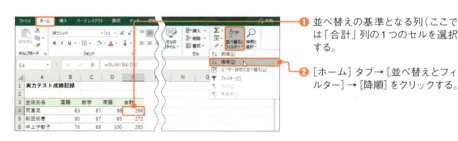

❶ 並べ替えの基準となる列（ここでは「合計」列の1つのセルを選択する。

❷ [ホーム] タブ→ [並べ替えとフィルター] → [降順] をクリックする。

❸ 各生徒のデータが、合計点の高い順に、行単位で並べ替えられる。

HINT
合計点の低い順に並べ替えたい場合は、同様の手順で [昇順] をクリックします。

HINT
テーブルの場合、基準となる列の列見出しのセルで [▼] をクリックして、[昇順] または [降順] を選ぶことも可能です（p.287）。

Basic Knowledge of Data Analysis   Sample_Data/05-02/

02　一部のデータだけを並べ替える

選択範囲内のデータのみを処理の対象にする

　Excelでは、==表の一部の範囲だけを並べ替えることも可能==です。ここでは商品名に「加工肉」と「洋菓子」を含む行のみを対象に行の並べ替えを行います。

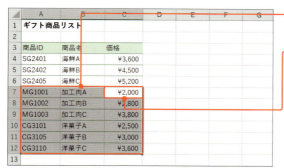

❶ データを並べ替える範囲のセルを選択する。

❷ [Tab]を押して、並べ替えの基準とする列（この例では「価格」列）にアクティブセルを移動する。

❸ ［ホーム］タブ→［並べ替えとフィルター］→［降順］をクリックする。

❹ 選択範囲内のデータのみが、数値の大きい順で並べ替えられる。

03 並べ替えの条件を細かく設定する

複数の列を基準に並べ替える

リスト（p.195）、またはテーブル（p.280）のデータは、1つの列だけでなく、複数の列を基準にして並べ替えを実行することもできます。例えば、以下のような野球の打者の成績一覧表において、最初に「チーム名」で並べ替えて、そのうえで、同じチーム内では「打率の高い順」に並べるといったケースです。

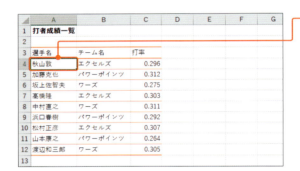

❶ 対象の表内の1つのセルを選択する。

❷ ［ホーム］タブ→［並べ替えとフィルター］→［ユーザー設定の並べ替え］をクリックする。

HINT
［データ］タブ→［並べ替え］からも同様の操作を行えます。

❸ ［最優先されるキー］の［列］に［チーム名］を選択する。その右側の［並べ替えのキー］は［セルの値］、［順序］は［昇順］のままにする。

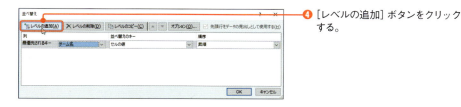

❹ [レベルの追加] ボタンをクリックする。

❺ 追加された [次に優先されるキー] の [列] で [打率] を選択する。

❻ 右側の [並べ替えのキー] は [セルの値] のまま、[順序] は [大きい順] に変更する。

❼ [OK] ボタンをクリックする。

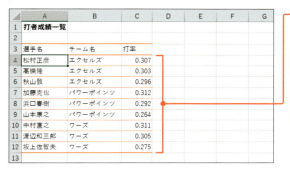

❽ 成績一覧の表が、チーム名と打率を基準に並べ替えられる。

HINT
先に「打率」列を基準に降順で並べ替えて、その後、「チーム名」列を基準に昇順で並べ替えても、最終的に同じ結果が得られます。

使えるプロ技！ リストとは

　1行目が「各列の見出し」で、2行目以降に「1行に1件分のデータ」が入力されている表の形式のデータのことを「リスト」といいます。Excel では、データベース的に記録・管理したいデータは、この形式で入力するのが基本です。Excel でリストを作成する際は、次の点に注意してください。

・リストに隣接するセルに、リストに関係のないデータを入力しない
・リスト内のセルは結合しない

　本項で紹介している「並べ替え」機能や、後述する「フィルター」機能などでは、1つのセルを選択してこれらの機能を実行すると、自動的に「そのセルを含むリストの範囲全体」が処理対象とみなされます。このため、リスト内に無関係のデータが含まれていたり、結合されたセルが存在すると、処理を正常に実行できなくなります。
　なお、2つ以上のセルを含むセル範囲を選択した場合は、その範囲だけを対象に処理を実行できますが、その場合であっても上記2点の注意事項は厳守することをお勧めします。

Basic Knowledge of Data Analysis　　　　　　　　　　Sample_Data/05-04/

04　先頭行も含めて並べ替える

初期設定では先頭行は並べ替えの対象ではない

　Excelでは、表の1行目が自動的に見出しと見なされて、並べ替えの対象から除外されることがあります。1行目も並べ替えの対象に含めるには、次の手順を実行します。

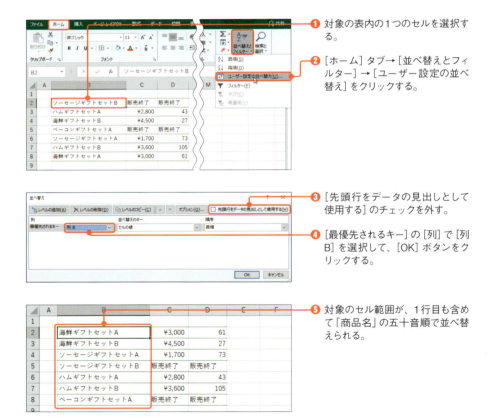

❶ 対象の表内の1つのセルを選択する。

❷ [ホーム] タブ→ [並べ替えとフィルター] → [ユーザー設定の並べ替え] をクリックする。

❸ [先頭行をデータの見出しとして使用する] のチェックを外す。

❹ [最優先されるキー] の [列] で [列B] を選択して、[OK] ボタンをクリックする。

❺ 対象のセル範囲が、1行目も含めて「商品名」の五十音順で並べ替えられる。

> **Memo**
> [並べ替え] ダイアログは、[データ] タブ→ [並べ替え] からも表示できます。

Basic Knowledge of Data Analysis　　　　　　　　　　　Sample_Data/05-05/

05　列単位で並べ替える

並べ替えの方向を水平方向に変更する

　表の並べ替えは、通常は「行単位」で実行されますが、「列単位」で並べ替えることも可能です。ここでは、塾の試験の成績表の各教科の並び順を、平均点の高い順に、列単位で並べ替えます。

> **Memo**
> 「テーブル」（p.280）に変換されている表は、列単位で並べ替えることはできません。列単位で並べ替えられるのは、通常のセル範囲のみです。

❶ 並べ替える対象のセル範囲を選択する。

HINT
「生徒氏名」と「合計」の列は並べ替えないので、ここでは除外しています。

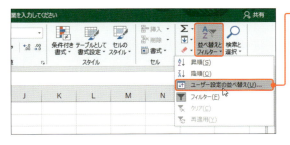

❷ ［ホーム］タブ→［並べ替えとフィルター］→［ユーザー設定の並べ替え］をクリックする。

197

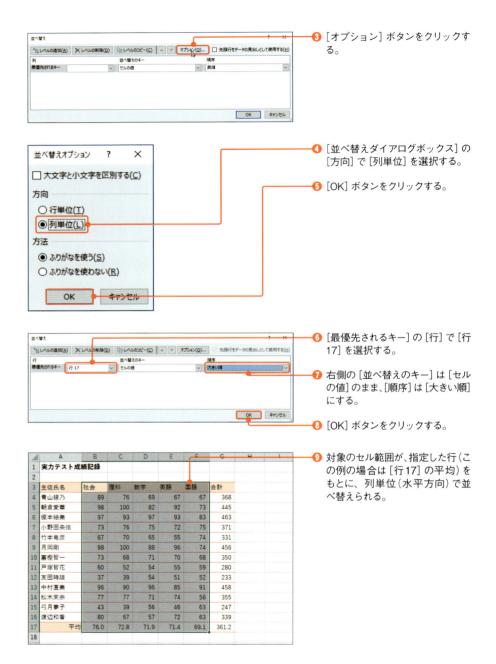

06 担当者順で並べ替える

ユーザー設定リストを基準に並べ替える

数値順やアルファベット順のような、標準的な順番ではなく、==独自の基準に基づく順番で、並べ替えを実行することも可能==です。この場合の独自基準は「ユーザー設定リスト」で定義します。

ここでは、受付担当の入社時期に基づいて決めた独自の基準を用いて、売上データを並べ替える方法を紹介します。

❶ 対象の表の範囲内の1つのセルを選択する。

HINT
独自ルールの並べ替えは、テーブル（p.280）に対しても実行できます。

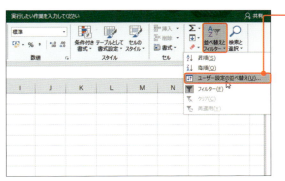

❷ ［ホーム］タブ→［並べ替えとフィルター］→［ユーザー設定の並べ替え］をクリックする。

HINT
［データ］タブ→［並べ替え］からも同様の操作を行えます。

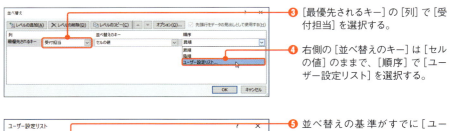

❸ [最優先されるキー] の [列] で [受付担当] を選択する。

❹ 右側の [並べ替えのキー] は [セルの値] のままで、[順序] で [ユーザー設定リスト] を選択する。

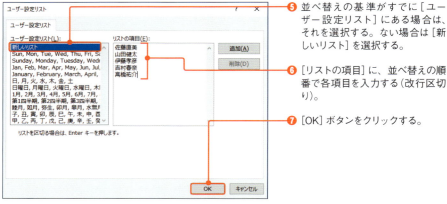

❺ 並べ替えの基準がすでに [ユーザー設定リスト] にある場合は、それを選択する。ない場合は [新しいリスト] を選択する。

❻ [リストの項目] に、並べ替えの順番で各項目を入力する(改行区切り)。

❼ [OK] ボタンをクリックする。

❽ [順序] に設定したリストの内容が表示されていることを確認して、[OK] ボタンをクリックする。

❾ 表のデータが、指定した独自ルールに基づいて並べ替えられる。

Basic Knowledge of Data Analysis　　　　　　　　　　　　　　Sample_Data/05-07/

07 特定のデータだけを表示する ──フィルター機能

条件を満たす行を抽出する

　Excelでは、何らかの条件を指定して、その条件を満たす行だけを抽出して表示することが可能です（それ以外の行を一時的に非表示にします）。このような機能を「フィルター」といいます。

　ここでは、売上データのうち、「受付担当」列の値が「佐藤直美」である行だけを表示する方法を解説します。

❶ 対象の表の範囲内の1つのセルを選択する。

HINT
見出し行のあるリスト形式のデータ（p.195）であれば、その中の1つのセルを選択すると、自動的にそのセルを含む表全体がフィルターの処理対象になります。

❷ ［ホーム］タブ→［並べ替えとフィルター］→［フィルター］をクリックする。

HINT
［データ］タブ→［フィルター］からも同様の操作を行えます。

📝 Memo
操作対象の表が、すでに「テーブル」（p.280）に変換されている場合は、上記の手順①と手順②の操作は不要です。表をテーブルに変換した時点でフィルター機能を実行するためのボタンが各列の見出しセルに追加されます。

201

❸ 各列の見出し行にフィルター機能を実行するための[▼]ボタンが追加されるので、これをクリックする。

❹ 表示する項目（この例では［佐藤直美］）にチェックを入れて、その他の項目はすべて外す。

❺ [OK]ボタンをクリックする。

❻「担当者」列のデータが「佐藤直美」である行だけが表示され、それ以外の行は非表示になる。

フィルターを解除する

　フィルター機能は特定の行を削除する機能ではありません。あくまでも一時的に非表示にするだけです。そのため、フィルターの設定を解除することで、いつでも元の状態に戻すことが可能です。

　設定したフィルターを解除して、すべての行を表示させるには、次の手順を実行します。

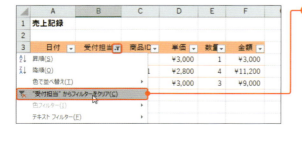

❶ フィルターを設定した列の[▼]をクリックして、["受付担当"からフィルターをクリア]をクリックする。

202

Basic Knowledge of Data Analysis　　　　　　　　　　　　　　Sample_Data/05-08/

08 指定の値以上・以下の行だけを表示する

実務で役立つフィルター機能の実践テクニック

　数値データの列を対象とする場合は、==指定の値と比較する形でフィルターの条件を設定することも可能==です。

　ここでは、[売上金額]列のデータが9000以上である行だけを表示させてみます。

❶ [金額]列の見出しの[▼]をクリックして、[数値フィルター]→[指定の値以上]をクリックする。

HINT
フィルター機能を有効にする方法については p.201 を参照してください。

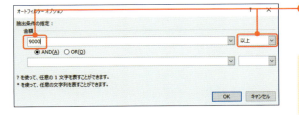

❷ 抽出条件に「9000」と「以上」を指定して、[OK]ボタンをクリックする。

HINT
ここで[以上]の部分を変更し、その他の条件でフィルターを実行することもできます。

❸ 売上金額が9000円以上の行だけが表示される。

Basic Knowledge of Data Analysis　　　　　　　　　　Sample_Data/05-09/

09 セルの塗りつぶしの色で絞り込む

セルの背景色でフィルタリングする

　フィルター機能を利用すると、セルの値だけではなく、==塗りつぶしの色やフォントの色、条件付き書式などを条件に指定して行を絞り込むことが可能==です。
　ここではまず、「商品名」列の中で、セルの背景色に薄いオレンジ色が設定されたセルの行のみを表示するように、フィルター機能を実行します。

❶ セルB3の［▼］をクリックする。

HINT
フィルター機能を有効にする方法については **p.201** を参照してください。

❷ ［色フィルター］から、セルに設定されている薄いオレンジをクリックする。

❸ 塗りつぶしの色が薄いオレンジのセルの行だけが表示され、それ以外の行は非表示になる。

HINT
同様の手順で、フォントの色や、アイコンセットなどを条件にして行を絞り込むことも可能です。

10 相対参照と絶対参照の違いを正しく理解する

セルの参照方式は3種類ある

　数式などで他のセルの値を使用するとき、「A1」などのセル参照を直接入力することでも指定できますが、目的のセルをクリックすることでも、そのセル参照を指定できます。また、セル範囲をドラッグすれば、その範囲のセル参照が入力されます。いずれも、最初に入力されるのは行番号と列番号を組み合わせただけの「相対参照」と呼ばれる形式です。しかし、入力した数式を他のセルにコピーする場合、相対参照ではコピー先のセルの位置に応じてその行番号と列番号が変化してしまいます。たとえば、セルE4の数式に含まれる「E1」という相対参照は、セルE5へコピーすると「E2」に自動的に変化します。

　どこへコピーしてもセル参照が変化しないようにするには、「$A$1」のように行番号と列番号の前に「$」を付けます。このような参照形式を「絶対参照」といいます。また、行番号だけを変化させないようにするには「A$1」、列番号だけを変化させないようにするには「$A1」のようにそれぞれの番号の前に「$」を付けます。これらの参照形式は「複合参照」と呼ばれます。

参照形式を切り替えるショートカットキー

　参照方式を変更する方法としては、直接「$」を入力する方法もありますが、F4を押すのが簡単です。このキーを押すたびに、入力されたセル参照が「A1」→「$A$1」→「A$1」→「$A1」のように変化していきます。

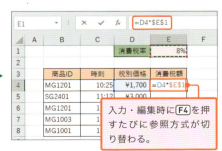

Basic Knowledge of Data Analysis

11 関数の基本的な使い方

関数の書式

　Excel では、基本的な算術演算子による四則演算だけでなく、「関数」を使った複雑な計算も実行できます。関数を利用すれば、大量のデータを対象とする**集計的な処理**や、算術演算子だけでは表現が難しい**特殊な計算、日付や時刻の処理、文字列の加工**など、さまざまな集計・分析処理を、比較的簡単に実現できます。
　数式の中では、関数は次のような書式で使用します。

> **書式**　関数の書式
>
> = 関数名(引数1, 引数2, 引数3, …)

　関数名の後には必ず「()」を付けて、その中に「引数」として、計算で使用する数値やセル番地などを指定します。指定する引数の数は、関数によって異なります。複数の引数を指定する場合は上記のように「,」(カンマ)で区切ります。
　また、引数には「必ず指定しなければならない引数」と「省略可能な引数」があります。関数を使用する場合はこの違いをしっかりと理解するようにしてください。
　なお、中には、引数を1つも必要としない関数もありますが、その場合でも必ず「()」は付けます。
　関数の計算結果として得られる値を「戻り値」または「返り値」と呼びます。この用語も覚えておいてください。

> **Memo**
> Excel では「複数の関数の計算結果を、算術演算子で計算する」といった使い方や、「関数の引数に、別の関数の戻り値を使用する」といった使い方も可能です。関数の引数にさらに関数を指定することを「関数をネストする」といいます (p.230)。

関数の入力方法

Excel には、関数の入力を支援するための機能が多数用意されています。とても便利な機能なので、みなさんもぜひ活用してください。あまり Excel の関数に慣れていない人でも、すぐに関数を利用できます。

本書でも解説する、主な関数関連の機能は次の4つです。

●(1) オート SUM を利用する

SUM 関数（合計値を求める関数）や AVARAGE 関数（平均値を求める関数）、MAX 関数（最大値を求める関数）のような、使用頻度の高い関数については、ボタン1つで簡単に関数を入力できる機能が用意されています。

●(2) 関数専用のダイアログボックスを利用する

関数専用のダイアログボックスを利用すれば、表示される情報を参考にしながら手順を進めるだけで、高度な関数もすぐに利用できます。

●(3) 関数ライブラリを利用する

関数名の正確なスペルや、引数の指定に自信がない場合は、[数式] タブに用意された「関数ライブラリ」が便利です。メニューから関数を選択でき、引数入力用ダイアログも自動的に表示されます。

●(4) 関数を直接入力する

ある程度、関数のことを理解した後は、ダイアログボックスなどを使用するよりも、直接入力したほうが効率的な場合があります。Excel には直接入力をサポートする機能も用意されています。例えば、関数の最初の1文字めを入力すると、その文字ではじまる関数の一覧が表示されます❶。本章では、こういった便利な機能を使いながら、関数を使いこなすためのテクニックを丁寧に解説していきます。

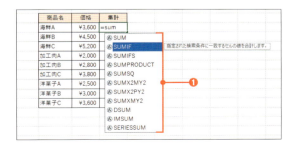

Basic Knowledge of Data Analysis

12 最初に覚えるべき最重要関数

本当に必要な関数はそれほど多くない

　Excelには豊富な種類の関数がありますが、そのすべてを使っている人は、ほとんどいません。多くの人にとっては、その一部の、特に重要な関数だけ押さえておけば十分です。ここでは、覚えておくと必ず役立つ、最重要の関数を厳選して紹介します。まずは以下の関数の使い方から覚えることをお勧めします。

● 数値計算

関数名	説明
SUM	引数に指定した数値の合計を求める（p.210）
COUNT	引数に指定した数値の個数を求める
COUNTA	数値、文字列といった種類を問わず、すべてのデータの個数を求める
AVERAGE	引数に指定した数値の平均を求める（p.211）
MAX	引数に指定した数値の中の最大値を求める
MIN	引数に指定した数値の中の最小値を求める
RANK.EQ	数値のグループの中の特定の数値について、そのグループ内での順位を求める（p.216）。以前のバージョンとの互換性を考慮する場合は、同じ機能のRANK関数も利用可能
LARGE	引数に指定した数値の中で上位から指定した順番に当たる数値を求める
SMALL	引数に指定した数値の中で下位から指定した順番に当たる数値を求める
COUNTIF	指定した範囲の中で、1つの条件を満たすデータの個数を求める（p.224）
COUNTIFS	指定した範囲の中で、複数の条件を満たすデータの個数を求める
SUMIF	指定した範囲の中で、1つの条件を満たす数値の合計を求める（p.227）
SUMIFS	指定した範囲の中で、複数の条件を満たす数値の合計を求めます
SUBTOTAL AGGREGATE	対象のセル範囲のデータを集計するための関数。集計方法を選択することが可能で、対象範囲内の小計のセルなどを除外して計算できる
ROUND	引数で指定した数値を、指定した桁で四捨五入する（p.214）
ROUNDUP	引数で指定した数値を、指定した桁で切り上げる
ROUNDDOWN	引数で指定した数値を、指定した桁で切り捨てる
CEILING.MATH	数値を基準値の倍数に切り上げる。以前のバージョンとの互換性を考慮する場合は、ほぼ同様の機能を持つ、CEILING関数も利用可能
FLOOR.MATH	数値を基準値の倍数に切り下げる。以前のバージョンとの互換性を考慮する場合は、ほぼ同様の機能を持つ、FLOOR関数も利用可能

● 日付・時間計算

関数名	説明
DATE	年・月・日を表す数値から日付データを求める
TIME	時・分・秒を表す数値から時刻データを求める
TODAY	今日の日付データを返す
NOW	現在の日付・時刻データを返す
YEAR	日付データから年を返す
MONTH	日付データから月を返す
DAY	日付データから日を返す
WEEKDAY	日付データから曜日を表す数値を返す
EDATE	開始日から、指定した月数だけ後または前の日付を返す
EOMONTH	開始日から、指定した月数だけ後または前の月末の日付を返す（p.93）
WORKDAY WORKDAY.INTL	いずれも開始日から、休日を除いて指定した日数だけ後または前の日付を求める
DATEDIF	2つの日付の間隔（年・月・日など）を表す数値を求める

● 集計・分析

関数名	説明
IF	条件を指定し、その真偽（TRUE／FALSE）に応じて別の計算を行う（p.218）
IFERROR	指定した式の結果がエラーでなければその値をそのまま返す。エラーであれば別の値を返す
IFS (Excel 2019/365のみ)	複数の条件と返す値のセットを指定し、先頭から判定していって、最初に真（TRUE）と判定された条件に対応する値を返す
AND	複数の条件がいずれも TRUE の場合だけ TRUE を返す
OR	複数の条件が1つでも TRUE なら TRUE を返す
NOT	TRUE／FALSE を逆にした結果を返す
LEFT	文字列の左側から、指定した文字数分の文字列を取り出す
RIGHT	文字列の右側から、指定した文字数分の文字列を取り出す
MID	指定した位置から、指定した文字数分の文字列を取り出す
LEN	文字列の文字数を返す
FIND SEARCH	いずれも文字列の中で、指定した文字列が見つかった位置を表す数値を返す
SUBSTITUTE	文字列の中の特定の文字列を、指定した別の文字列に置き換えた文字列を返す
VLOOKUP	表の左端列を検索し、見つかった行で、指定した列にあるセルのデータを取り出す（p.220）
MATCH	セル範囲を検索し、見つかったセルの位置を表す数値を返す

13 合計を求める— SUM関数

ワンクリックで SUM 関数を設定する

セル範囲の合計を求める数式は、ワンクリックで簡単に入力できます。合計の対象範囲は自動的に指定されるので、正しくない場合はワークシート上を直接ドラッグして修正します。

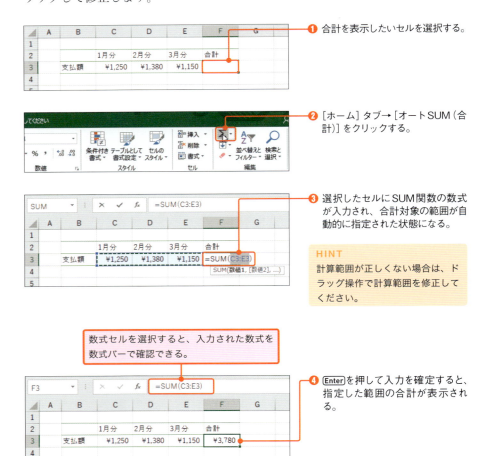

❶ 合計を表示したいセルを選択する。

❷ ［ホーム］タブ→［オートSUM（合計）］をクリックする。

❸ 選択したセルにSUM関数の数式が入力され、合計対象の範囲が自動的に指定された状態になる。

HINT
計算範囲が正しくない場合は、ドラッグ操作で計算範囲を修正してください。

数式セルを選択すると、入力された数式を数式バーで確認できる。

❹ Enterを押して入力を確定すると、指定した範囲の合計が表示される。

Basic Knowledge of Data Analysis　　　　　　　　　　　　Sample_Data/05-14/

14　平均を求める — AVERAGE関数

AVERAGE関数で平均を算出する

　合計以外にも、平均や最大値など、よく利用する関数は［オートSUM］ボタンから簡単に入力できます。

❶ 平均を表示したいセルを選択する。

❷ ［ホーム］タブ→［オートSUM（合計）］の［▼］→［平均］をクリックする。

HINT
同様に、数値の個数や最大値、最小値も求められます。

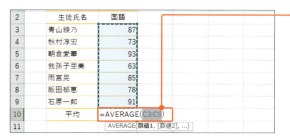

❸ 選択したセルにAVERAGE関数の数式が入力され、計算対象の範囲が自動的に指定された状態になる。

HINT
計算範囲が正しくない場合は、ドラッグ操作で計算範囲を修正してください。

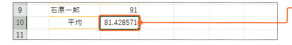

❹ Enterを押して入力を確定すると、指定した範囲の平均が表示される。

Basic Knowledge of Data Analysis　　　　　　　　　　　　　　　　Sample_Data/05-15/

15　合計を求める数式を一括入力する

セル範囲に SUM 関数を入力する

　　［オートSUM］ボタンを利用して、同じ行、または同じ列の合計を求める数式を一括入力することが可能です。

❶ 合計を求めたいセル範囲を選択する。

HINT
1 行のセル範囲を選択している点がポイントです。

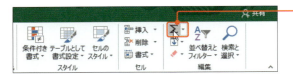

❷ ［ホーム］タブ→［オートSUM（合計）］をクリックする。

❸ 選択したすべてのセルに、合計を求めるSUM関数の数式が入力される。

HINT
この例では月ごとの合計値が算出されています。

　　なお、上記の方法の場合、==各セルの数式で、計算対象となるセルの範囲は指定できません==。自動的に判定されたセル範囲が計算対象として確定されます。上記の例では、1 行のセル範囲を指定したため、同じ列の上側のセル範囲が計算対象になっていますが、1 列のセル範囲を指定した場合は、通常、同じ行の左側のセル範囲が計算対象になります。

小計と総計を一括入力する

次のような表で、支店ごとの小計と、全体の総計を求めます。このような場合も、[オートSUM] ボタンを利用すれば一括で入力できます。

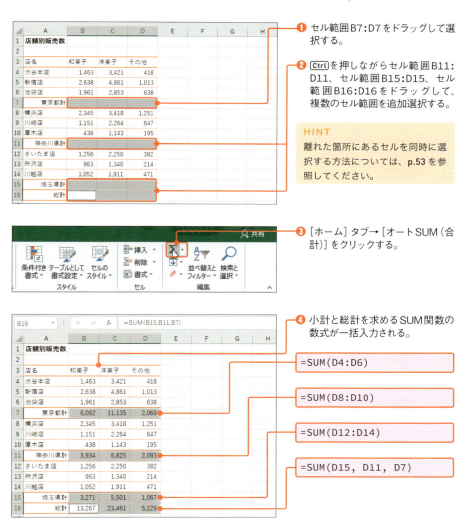

❶ セル範囲B7:D7をドラッグして選択する。

❷ Ctrlを押しながらセル範囲B11:D11、セル範囲B15:D15、セル範囲B16:D16をドラッグして、複数のセル範囲を追加選択する。

HINT
離れた箇所にあるセルを同時に選択する方法については、p.53を参照してください。

❸ [ホーム] タブ→ [オートSUM (合計)] をクリックする。

❹ 小計と総計を求めるSUM関数の数式が一括入力される。

=SUM(D4:D6)
=SUM(D8:D10)
=SUM(D12:D14)
=SUM(D15, D11, D7)

　入力された数式を確認してみると、行7、11、15の各セルにはそれぞれ、上3行分の合計を求める数式が入力され、行16のセル範囲には、同じ列の行15、11、7の各セルの合計を求める数式が入力されていることが確認できます。

Basic Knowledge of Data Analysis　　　　　　　　　　　　Sample_Data/05-16/

16　関数を選択画面から入力する

［関数の挿入］ダイアログから関数を入力する

　［オートSUM］ボタンから入力できない関数は、［数式］タブ、または［関数の挿入］ダイアログから入力できます。

　ここではセルC3に入力された金額の消費税額を計算して小数点以下を四捨五入し、整数化する数式を入力してみます。

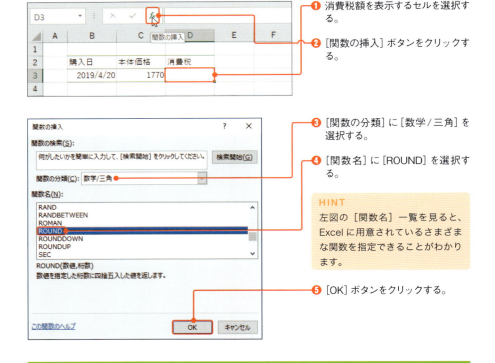

❶ 消費税額を表示するセルを選択する。

❷ ［関数の挿入］ボタンをクリックする。

❸ ［関数の分類］に［数学/三角］を選択する。

❹ ［関数名］に［ROUND］を選択する。

HINT
左図の［関数名］一覧を見ると、Excelに用意されているさまざまな関数を指定できることがわかります。

❺ ［OK］ボタンをクリックする。

Memo
ROUND関数は、対象の数値を四捨五入して、指定された桁数にする関数です。

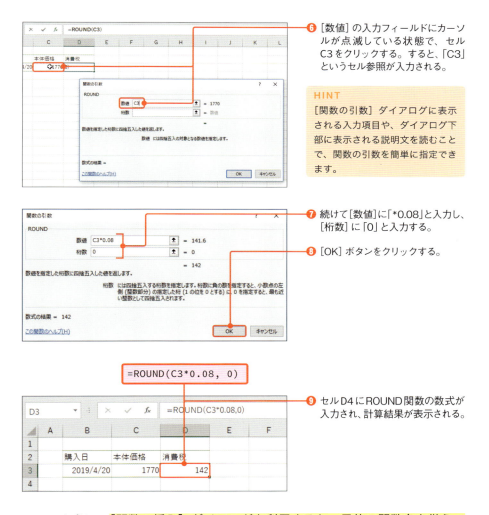

　このように、[関数の挿入]ダイアログを利用すると、目的の関数名を覚えていなくても、簡単な操作ですぐに関数を入力できます。
　また、[関数の挿入]ダイアログに続いて表示される[関数の引数]ダイアログを利用すれば、表示される説明を確認しながら引数を指定できるため、誤設定を未然に防ぐことができます。作業を効率化するうえでは、関数の入力作業を高速化することも大切ですが、「正しい数式を入力すること」も大切です。作業の手戻りを極力減らすために、こういった便利機能を活用するようにしてください。

Basic Knowledge of Data Analysis   Sample_Data/05-17/

17 順位を求める― RANK.EQ 関数

RANK.EQ 関数を使って順位を算出する

　数値のグループの中で、指定した数値が上位または下位から何番目に当たるかを求めたい場合は、RANK.EQ 関数を使用します。ここでは［数式］タブを使って、各打者の打率順位を求めてみます。

❶ セル C4 を選択する。

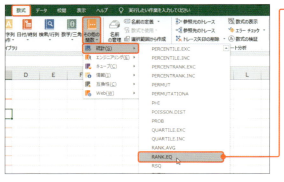

❷ ［数式］タブ→［その他の関数］→［統計］→［RANK.EQ］をクリックする。

HINT
RANK.EQ 関数は、数値のグループの中の特定の数値について、そのグループ内での順位を求める関数です。

❸ ［数値］にセル B4 を入力する。

HINT
［数値］の入力フィールド内にカーソルを点滅させた状態で、実際のセルをクリックすることでも指定できます（p215）。

216

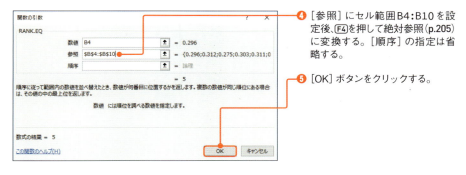

④ [参照] にセル範囲B4:B10を設定後、F4を押して絶対参照(p.205)に変換する。[順序]の指定は省略する。

⑤ [OK] ボタンをクリックする。

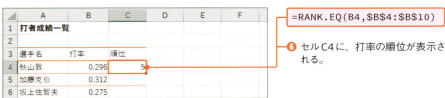

`=RANK.EQ(B4,$B$4:$B$10)`

⑥ セルC4に、打率の順位が表示される。

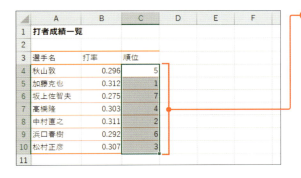

⑦ セルC4の数式をセル範囲C5:C10にコピーすると、すべての打者の順位が表示される。

使えるプロ技！ 数値が小さいほうから順位をつける

数値が小さいほうから順位をつけるには、RANK.EQ関数の引数［順序］に「1」（正確には「0」以外の数値）を指定します❶。

18 条件に応じて異なる計算をする —— IF関数

IF関数の基本的な使い方

条件を設定し、その判定結果が「真(TRUE)」の場合と「偽(FALSE)」の場合で異なる計算を行いたい場合は、**IF関数**を使用します。

ここでは、左隣のセルに入力されている金額が3000円以上の場合は2割の値引き額を表示し、3000円よりも小さい場合は1割の値引き額を表示します。

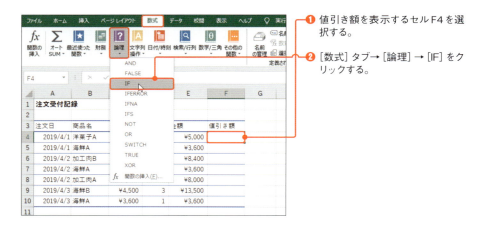

❶ 値引き額を表示するセルF4を選択する。

❷ [数式]タブ→[論理]→[IF]をクリックする。

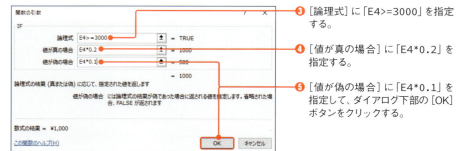

❸ [論理式]に「E4>=3000」を指定する。

❹ [値が真の場合]に「E4*0.2」を指定する。

❺ [値が偽の場合]に「E4*0.1」を指定して、ダイアログ下部の[OK]ボタンをクリックする。

> 📝 **Memo**
>
> [論理式]には、計算の条件を指定します。今回は「E4>=3000」と指定しています。つまり、セルE4の値が「3000以上」であるか否かが、このIF関数の条件になります。

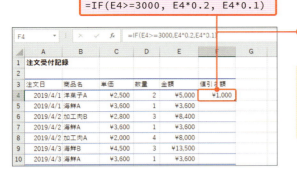

❻ セルF4に、セルE4の金額に応じた値引き額が表示される。

HINT
今回の例では、対象の金額が3000円以上の場合は2割引の金額、3000円以下の場合は1割引の値引き額を表示しています。

❼ セルF4の数式を、セル範囲F5:F10にコピーすると、それぞれ左隣の金額に応じた値引き額が表示される。

論理式で使える比較演算子

引数 [論理式] には、戻り値が「TRUE」または「FALSE」になる式を指定します。ここで使用している「>=」は「以上」を表す比較演算子です。つまり、この場合の戻り値は、指定値以上であれば「TRUE」、そうでなければ「FALSE」になります。

同様に、このような判定に利用できる比較演算子には、次のような種類があります。

● 比較演算子の種類

比較演算子	説明	TRUEの例	FALSEの例
=	左辺と右辺が等しい	3=3	3=4
<>	左辺と右辺が等しくない	4<>5	4<>4
>	左辺が右辺より大きい	5>3	5>5
>=	左辺が右辺以上	5>=5	5>=6
<	左辺が右辺より小さい	3<5	3<3
<=	左辺が右辺以下	3<=3	3<=2

19 他の表からデータを取り出す — VLOOKUP関数

VLOOKUP関数の最も基本的な使い方

Excelには数値計算以外にもさまざま関数が用意されています。そのうちの1つに、「必要なデータを検索して取り出す関数」もあります。

例えば、商品の価格などをあらかじめ別表で用意しておき、売上記録の表に入力した商品名や商品IDからその価格を自動的に表示する、といった処理には、VLOOKUP関数を使用します。ここでは、1つ左のセルに記載されている商品名を元にして、その商品の価格を自動的に取り出す数式を入力してみます。

❶ セルC4を選択する。

❷ [数式] タブ→ [検索/行列] → [VLOOKUP] をクリックする。

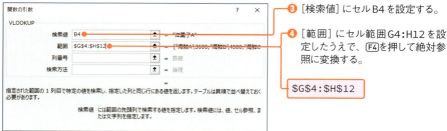

❸ [検索値] にセルB4を設定する。

❹ [範囲] にセル範囲G4:H12を設定したうえで、F4を押して絶対参照に変換する。

$G$4:$H$12

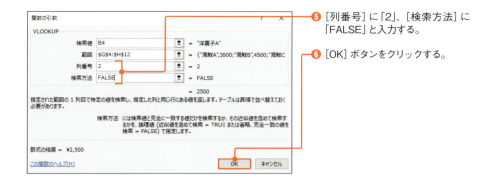

❺ [列番号] に「2」、[検索方法] に「FALSE」と入力する。

❻ [OK] ボタンをクリックする。

> 📝 **Memo**
>
> [列番号] には、検索先のうち、取り出す値（価格）が設定されている列番号を指定します。今回の例でここに仮に「1」を指定すると、商品名が取り出されます。
> また、引数 [検索方法] に「FALSE」を指定すると、引数 [検索値] と<mark>完全に一致するデータ</mark>を検索します。ここに「TRUE」を指定した場合の処理内容については、次項で説明します。

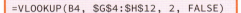

❼ セルC4に商品名に対応する価格が表示される。

❽ セルC4の数式を、セル範囲C5：C10にコピーすると、各商品の価格が表示される。

> **HINT**
>
> この例のように、他の表からデータを参照することを「表引き」といいます。言い方を変えるなら「VLOOKUP関数は表引きをするための関数」ということもできます。

Basic Knowledge of Data Analysis　　　　　　　　　　　　　　　　Sample_Data/05-20/

20 数値の区間に対応する値を求める ─ VLOOKUP関数

獲得した得点とランク

　例えば、ゲームの得点が0〜99点の場合は「ランクD」と表示し、同様に100〜299点の場合は「ランクC」、300〜499点の場合は「ランクB」、500点以上の場合は「ランクA」と表示したいケースを考えてみます。

　このような処理は、先述したIF関数（p.218）でも実現できますが、やや面倒です。一方、VLOOKUP関数を利用すれば、簡単にランクを自動抽出できます。

　VLOOKUP関数を利用する際は、事前に下表のような「得点ランク対応表」を作成しておきます。このような対応表を作成する際は、左端列の値が昇順（小さい順）になるように並べる必要があります。この点には注意してください。

値が昇順（小さい順）になるように表を作成する必要がある。

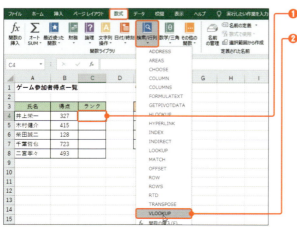

❶ セルC4を選択する。

❷ ［数式］タブ→［検索/行列］→［VLOOKUP］をクリックする。

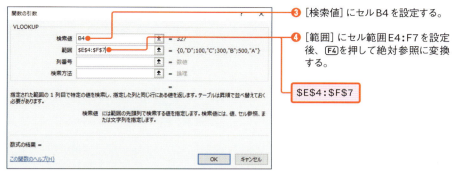

❸ [検索値] にセルB4を設定する。

❹ [範囲] にセル範囲E4:F7を設定後、F4を押して絶対参照に変換する。

$E$4:$F$7

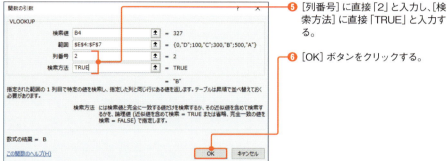

❺ [列番号] に直接「2」と入力し、[検索方法] に直接「TRUE」と入力する。

❻ [OK] ボタンをクリックする。

=VLOOKUP(B4, $E$4:$F$7, 2, TRUE)

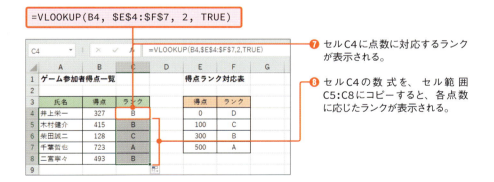

❼ セルC4に点数に対応するランクが表示される。

❽ セルC4の数式を、セル範囲C5:C8にコピーすると、各点数に応じたランクが表示される。

　この例のように引数 [検索方法] に「TRUE」を指定すると、**[検索値] 以下の最大値が検索されます**。いい方を変えると、検索対象の列の各セルの値は「その値以上、下のセルの値未満の区間」を表しています。

223

21 条件に合うデータの個数を求める
── COUNTIF関数

A ランクの人数を数える

対象のセル範囲の中で、<mark>指定した条件を満たすセルがいくつあるかを調べたい場合</mark>は、COUNTIF 関数を使用します。

ここでは、セル範囲 `C4:C10` の中にランク A の参加者が何人いるかを数えてみます。

❶ セル E4（カウントした結果を表示するセル）を選択する。

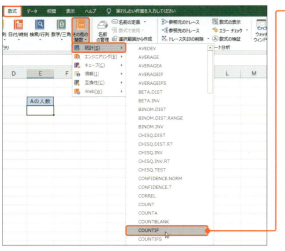

❷ ［数式］タブ→［その他の関数］→［統計］→［COUNTIF］をクリックする。

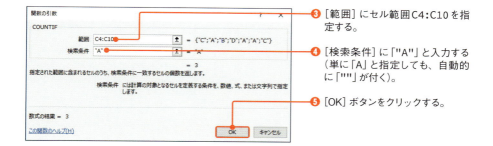

❸ [範囲]にセル範囲C4:C10を指定する。

❹ [検索条件]に「"A"」と入力する（単に「A」と指定しても、自動的に「""」が付く）。

❺ [OK]ボタンをクリックする。

❻ セル範囲C4:C10の中で、セルの値が「A」であるセルの数が表示される。

500点以下の人数を数える

　COUNTIF関数の検索条件の指定には、<mark>比較演算子</mark>も使用できます。ここでは、上記のセル範囲B4:B10を対象に「得点が500点以下の人数」をカウントしてみます。

　前ページと同様の手順で、ここではセルE6（カウントした結果を表示するセル）を選択して、［数式］タブ→［その他の関数］→［統計］→［COUNTIF］をクリックし、［関数の引数］ダイアログを表示し、次の手順を実行します。

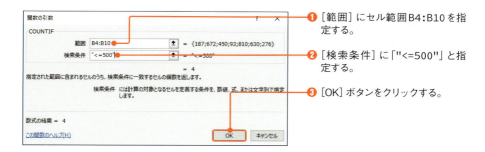

❶ [範囲]にセル範囲B4:B10を指定する。

❷ [検索条件]に「"<=500"」と指定する。

❸ [OK]ボタンをクリックする。

❹ セル範囲B4:B10の中で、得点が500以下であるセルの数が表示される。

使えるプロ技！ ワイルドカードを使う

検索条件の指定にワイルドカードを使用することもできます。ワイルドカードとは、任意の1文字、または0文字以上を表す特別な記号です。「?」は任意の1文字を表し、「*」は0文字以上の任意の文字列を表します。ここでは、氏名に「鈴木」を含む参加者の数をカウントしてみます。

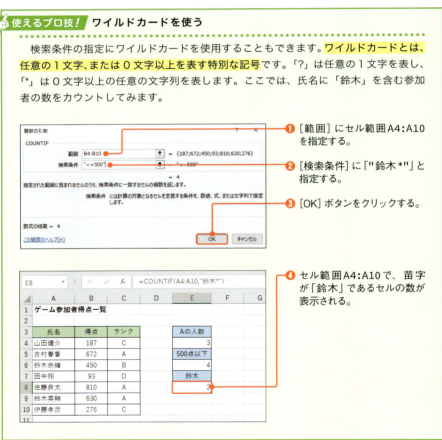

❶ [範囲] にセル範囲A4:A10を指定する。

❷ [検索条件] に「"鈴木*"」と指定する。

❸ [OK] ボタンをクリックする。

❹ セル範囲A4:A10で、苗字が「鈴木」であるセルの数が表示される。

22 特定商品の売上合計を求める
― SUMIF関数

条件に合うデータのみを合計する

指定した条件を満たすセルの合計を求めたい場合は、SUMIF関数を使用します。例えば、全商品の売上表の中から、特定商品の売上のみを集計するようなケースです。ここでは商品IDが「MG1201」の売上合計を算出してみます。

❶ セルH6（カウントした結果を表示するセル）を選択する。

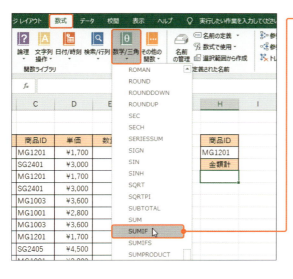

❷ ［数式］タブ→［数学/三角］→［SUMIF］をクリックする。

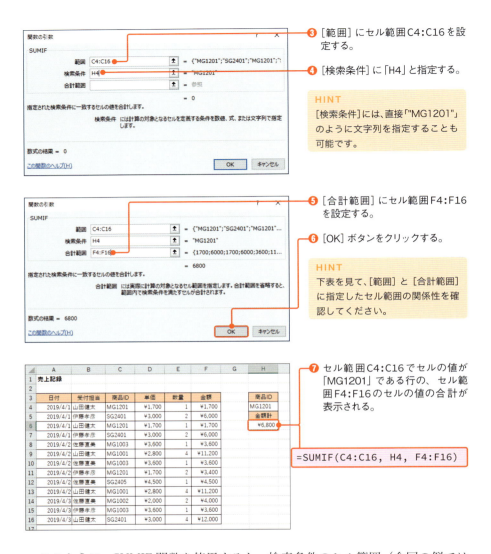

このように、SUMIF関数を使用すると、検索条件のセル範囲（今回の例ではC4:C16）と、実際の集計元（今回の例ではF4:F16）に別のセル範囲を指定できます。ただし、この2つのセル範囲は、必ず同じサイズ（行数×列数）にする必要があります。この関数では、指定した条件に合う［範囲］内のセルと相対的に同じ位置にある［合計範囲］のセルの数値が合計されます。

2つのセル範囲には離れた場所も指定できますが、この例のように1つの表の中で行ごとに条件を判定し、特定の列の値を集計するというのが一般的な利用方法です。

正の数のみ合計する

SUMIF関数の検索条件の指定には、**比較演算子**（p.219）や**ワイルドカード**（p.226）を使用することもできます。ここでは、セル範囲C4:C10を対象に、収支が正の数（0より大きい）であるセルの値を合計してみましょう。

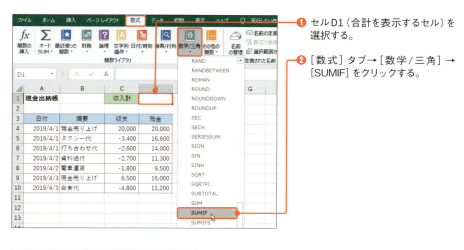

❶ セルD1（合計を表示するセル）を選択する。

❷ ［数式］タブ→［数学/三角］→［SUMIF］をクリックする。

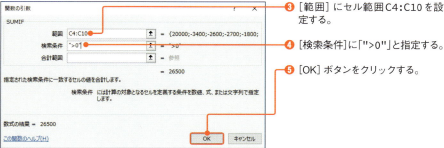

❸ ［範囲］にセル範囲C4:C10を設定する。

❹ ［検索条件］に「">0"」と指定する。

❺ ［OK］ボタンをクリックする。

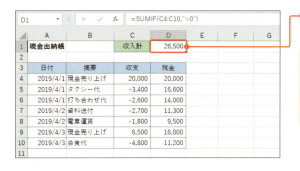

❻ 収支が正の数であるセルの値の合計が表示される。

HINT
引数［合計範囲］の指定を省略した場合、引数［範囲］に指定したセル範囲が、検索対象と同時に合計の対象にもなります。

23 複数の関数を組み合わせる

関数をネストする

Excelでは、関数の引数に別の関数を指定できます。関数の引数にさらに関数を指定することを「関数のネスト」といいます。

ここでは、IF関数の引数にVLOOKUP関数を指定する例を用いて、関数をネストする方法を解説します。次のような処理を行います。

（1）IF関数で、左隣のセルに商品名が入力されているかどうかを判定する
（2）商品名が入力済みの場合だけ、VLOOKUP関数でその商品の価格を取り出す

> **Memo**
> 本項で登場するIF関数の基本的な使い方については、p.218を参照してください。また、VLOOKUP関数の基本的な使い方については、p.220を参照してください。

❶ セルC4に「=IF(」と入力する。

❷ IF関数の書式が表示されるので、これにしたがって入力していく。

❸ 引数[論理式]として、「B4<>""」と入力し、さらに「,」を入力する。

`=IF(B4<>"",`

> **HINT**
> 「""」は空白（何もないこと）を表します。ここでは比較演算子<>を用いて、「セルB4が空欄以外である」ことを条件に指定しています。

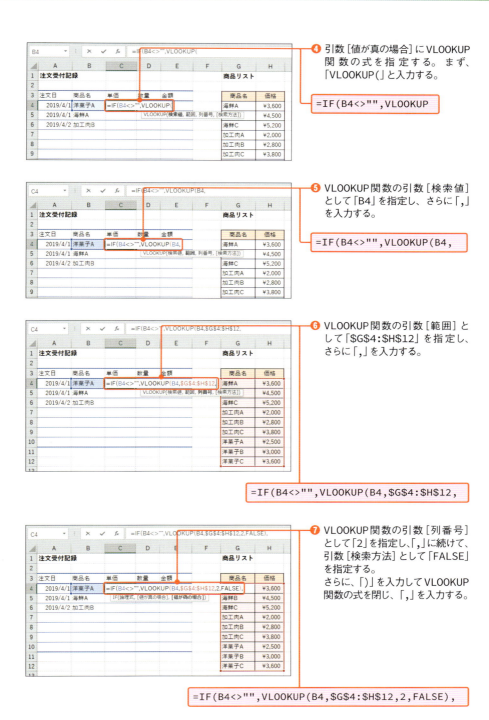

❽ IF関数の引数 [値が偽の場合] として「""」を入力し、さらに「)」を入力してIF関数の式を閉じ、Enterを押して式の入力を確定する。

```
=IF(B4<>"",VLOOKUP(B4,$G$4:$H$12,2,FALSE),"")
```

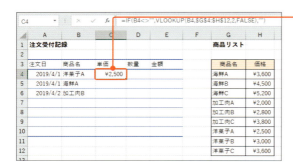

❾ セルC4に、商品に対応する価格が表示される。

HINT

関数を組み合わせた数式は、関数入力用のダイアログを使って入力することも可能ですが、直接入力したほうが効率的です。慣れないうちは難しく感じることもあると思いますが、ぜひ直接入力にトライしてみてください。

❿ セルC4の数式をセル範囲C5:C10セルにコピーすると、それぞれの商品コードに応じた価格が表示される。
また、商品名が未入力の行には何も表示されない。

使えるプロ技！ 明示的にエラーを表示することも可能

今回の関数例では、IF関数の引数 [値が偽の場合] に空白（""）を指定したため、商品名が記載されていない行では単価も空白になります。このとき、未入力であることを明示的に示したい場合は、引数 [値が偽の場合] に「"商品名が未入力です"」や「"入力されている商品名がありません"」といったエラー文字を表示することもできます。

Basic Knowledge of Data Analysis　　　　　　　　　　　Sample_Data/05-24/

24 小計行と総計行を自動的に追加する

「小計」機能を利用する

　p.213では、[オートSUM]ボタンを利用して、小計と総計を求める数式を自動的に入力する方法を紹介しましたが、この方法では、小計を表示する行が多い場合、かなり手間がかかります。小計行が多い場合には、Excelに用意されている<mark>小計機能</mark>が便利です。この機能を利用すると、あらかじめ用意しておいた基準を元にして小計行を自動的に挿入し、小計と総計を簡単に求めることができます。

　実際に試してみましょう。ここでは、全支店の売上について、都道府県ごとの小計と全体の総計を自動的に表示させてみます。なお、この機能では、<mark>小計の単位となる地域名などは、事前にまとめておく必要がある</mark>ので、下表では、あらかじめ「都道府県」列（B列）を作成し、それを基準にして行を並べ替えています（p.192）。

❶ 小計と総計を求めたい表の中の1つのセルを選択する。

❷ [データ]タブ→[小計]をクリックする。

233

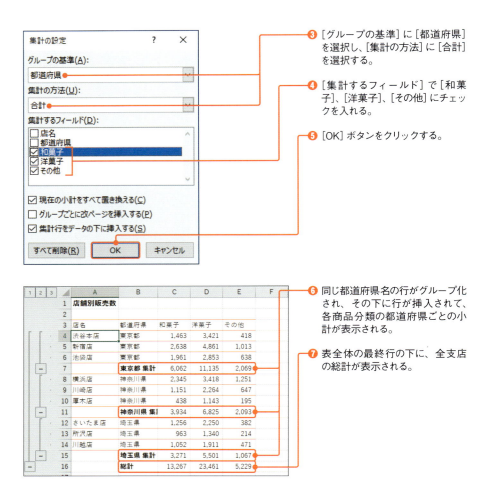

なお、小計と総計を表示しているセルには、SUBTOTAL 関数を使った数式が入力されています。この関数は、対象の範囲内にある SUBTOTAL 関数の数式セルを除いて、合計を求める関数です。この関数を使うと、細かいセル範囲を指定することなく、小計のセルを除外して総計を求めることができます。

アウトライン機能の利用

上記のように、小計機能を実行した表には自動的にアウトラインが設定されて、指定した基準（上記の例では都道府県）ごとにグループ化されます。

行番号の左側に表示されたアウトラインのボタンのうち、[1] ボタンをクリックすると、総計の行だけが表示されます。

[2] ボタンをクリックすると、小計と総計の行が表示されます。

すべての行を表示したい場合は、[3] ボタンをクリックします。

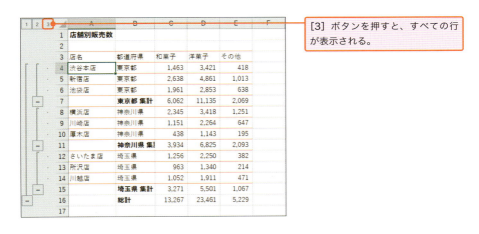

> 📝 Memo
>
> アウトラインのボタンのうち、[－] ボタンをクリックすると、そのグループが非表示になり、ボタンが [＋] に変わります。[＋] ボタンをクリックすると非表示のグループが再表示されます。アウトライン機能については、p.132 も参照してください。

25 数式の参照関係を調べる

参照元のセルを確認する

　数式にセル番地を設定している場合、時間の経過とともに、どのセルを参照しているかわからなくなる場合があります。また、他者が作ったシートの場合、そもそもどのセルを参照しているのかが不明の場合もあります。

　そのような場合は、Excelの**トレース機能**を使うと便利です。この機能を利用すると、セル同士の参照関係を視覚的に確認できます。

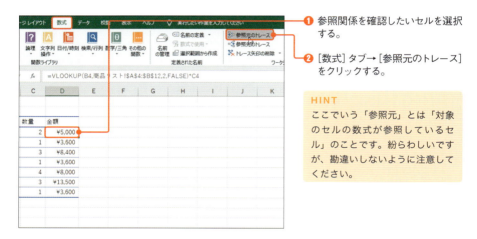

❶ 参照関係を確認したいセルを選択する。

❷ [数式]タブ→[参照元のトレース]をクリックする。

HINT
ここでいう「参照元」とは「対象のセルの数式が参照しているセル」のことです。紛らわしいですが、勘違いしないように注意してください。

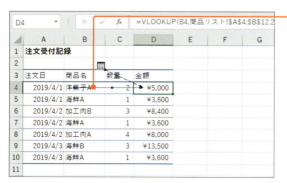

❸ 参照元のセルから、対象のセルへ向かう「トレース矢印」が表示される。

HINT
選択したセルが他のセルを参照していない場合、トレース矢印は表示されません。

参照元のシートへジャンプする

トレース矢印を利用して、参照元を選択することも可能です。なお、参照元のセルが他のシートにある場合は、そのシートへジャンプします。

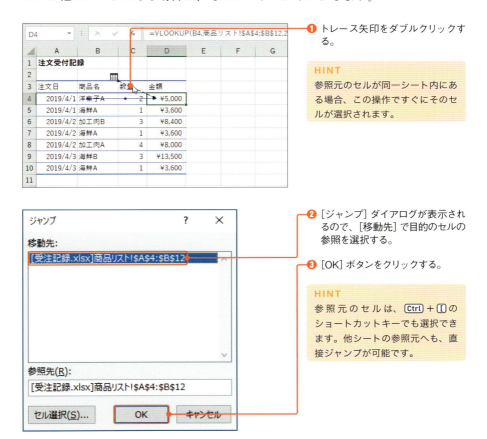

❶ トレース矢印をダブルクリックする。

HINT
参照元のセルが同一シート内にある場合、この操作ですぐにそのセルが選択されます。

❷ [ジャンプ] ダイアログが表示されるので、[移動先] で目的のセルの参照を選択する。

❸ [OK] ボタンをクリックする。

HINT
参照元のセルは、Ctrl + [のショートカットキーでも選択できます。他シートの参照元へも、直接ジャンプが可能です。

📝 Memo

[ジャンプ] ダイアログの画面下部にある [参照先] を見ることで、セルの参照元を確認できます。実際にジャンプする必要がなく、参照元を確認することが目的の場合は、[参照先] を確認後、[キャンセル] ボタンをクリックします。
また、[ジャンプ] ダイアログの画面左下にある [セル選択] ボタンをクリックすることで、ジャンプ元のセルを変更・指定することが可能です。

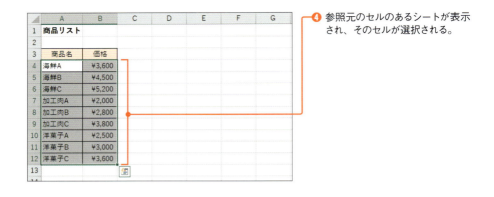

❹ 参照元のセルのあるシートが表示され、そのセルが選択される。

参照先のセルを確認する

対象のセルの値を参照しているセルを確認することも可能です。

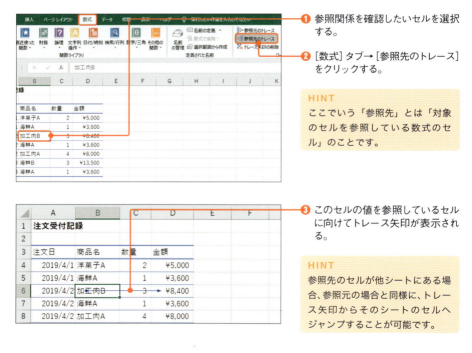

❶ 参照関係を確認したいセルを選択する。

❷ [数式] タブ→ [参照先のトレース] をクリックする。

HINT
ここでいう「参照先」とは「対象のセルを参照している数式のセル」のことです。

❸ このセルの値を参照しているセルに向けてトレース矢印が表示される。

HINT
参照先のセルが他シートにある場合、参照元の場合と同様に、トレース矢印からそのシートのセルへジャンプすることが可能です。

トレース矢印の表示が不要になったら、[数式] タブ→ [トレース矢印の削除] で画面から削除できます。

Basic Knowledge of Data Analysis　　　　　　　　　　　Sample_Data/05-26/

26　別のシートのセルを参照する

同一ブック内の別のシートのセルを参照する方法

　Excelでは、数式で他のセルを参照するとき、同じワークシート上のセルだけでなく、別のシートや別のブックのセルを参照することも可能です。

　別のシートのセルを参照する場合は、次の手順で指定します。

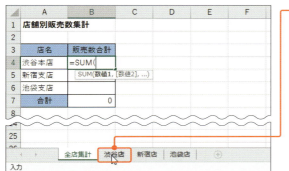

❶ 数式の入力中に、参照したいセルを含むシート見出しをクリックする。

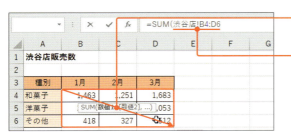

❷ シートが切り替わるので、参照先のセル範囲をドラッグする。

❸ 「渋谷店!B4:D6」のように、シート名に続けてそのセル参照が入力される。

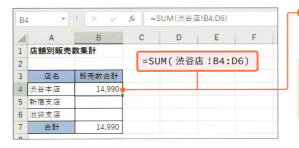

❹ 数式の続きを入力して確定すると、他シートのセルを参照した数式の結果が表示される。

HINT
直接入力で別のシートを参照する際は、上記のように、シート名とセル番地を「!」でつなぎます。

Basic Knowledge of Data Analysis　　　　　　　　　　　　　　Sample_Data/05-27/

27　別のブックのセルを参照する

別のブック内のセルを参照する方法

　Excel では、同一ブック内だけでなく、別のブック内のセルを参照することも可能です。数式の中で別のブックのセルを参照するには、==数式を入力するブックと、参照されるブックの両方を開き、画面上に並べた状態==で次の手順を行います。

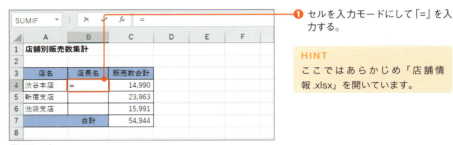

元のシート

❶ セルを入力モードにして「=」を入力する。

HINT
ここではあらかじめ「店舗情報.xlsx」を開いています。

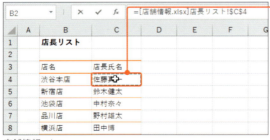

店舗情報.xlsx

❷ 別のブックを選択して、参照したいセルをクリックする。

HINT
タスクバーの Excel のアイコンにマウスポインターを合わせて、目的のブックのウィンドウを選ぶこともできます。

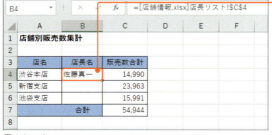

元のシート

❸ Enterを押して数式を確定すると、別のブックのセルの値が入力される。

HINT
別のブックを参照する場合は、「[店舗情報.xlsx]店長リスト!$C$4」のように、ブック名を [] で囲みます。

28 複数シートのデータを合計する

3-D 参照で集計する

　手作業で複数のシートにあるデータを集計するには、1つひとつ、シートを開いて参照先のセルを指定していく必要があります。しかし、この方法では、参照先に指定するシート数が増えれば増えただけ作業が煩雑になります。

　このような場合に便利なのが、**3-D 参照機能**です。この機能を利用すると、簡単な操作で、==隣り合ったワークシートの同じ位置のセルの値を合計==することが可能です。この機能を利用するうえでのポイントは、操作対象が次の2点を満たしていることです。

・集計対象のシートが、隣り合っていること
・集計対象のセルが、シート内の同じ位置であること

　ここでは、シート「渋谷店」～「池袋店」のセル D1 の値の合計を、シート「全店集計」のセル B3 に表示する数式を入力してみます。

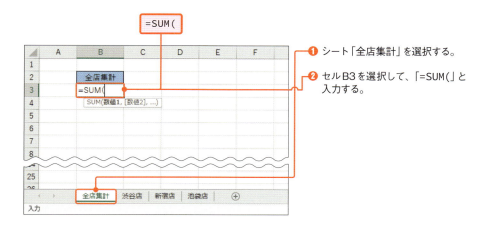

❶ シート「全店集計」を選択する。

❷ セル B3 を選択して、「=SUM(」と入力する。

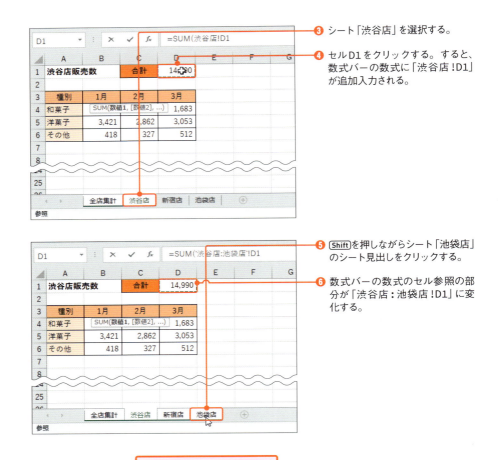

❸ シート「渋谷店」を選択する。

❹ セルD1をクリックする。すると、数式バーの数式に「渋谷店!D1」が追加入力される。

❺ Shiftを押しながらシート「池袋店」のシート見出しをクリックする。

❻ 数式バーの数式のセル参照の部分が「渋谷店:池袋店!D1」に変化する。

=SUM(渋谷店：池袋店!D1)

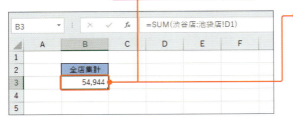

❼「)」を入力し、Enterを押して数式を確定すると、シート「全店集計」のセルB3に全店の合計金額が表示される。

> **使えるプロ技！ 3-D 参照機能が利用できる関数**
>
> 3-D 参照による集計は、すべての関数で利用できるわけではありません。利用できる主な関数は、SUM 関数、AVERAGE 関数、COUNT 関数、MAX 関数、MIN 関数、STDEV 関数などです。詳しくは Excel のヘルプを参照してください。

Basic Knowledge of Data Analysis　　　　　　　　　　　　　　Sample_Data/05-29/

29 複数の表のデータを集計する

見出しに基づいて複数の表を集計

　複数のシートの各表がすべて同じ構成であれば、「3-D参照」を使用して集計できますが（p.241）、実際の業務ではそのような恵まれたケースばかりではありません。顧客や取引先ごとに表の構成が異なることは日常茶飯事です。

　表ごとに構成が異なる場合に便利なのが<mark>統合機能</mark>です。この機能を利用すれば、<mark>シートによって行や列の内容が異なっていても、共通する行と列の見出しに基づいて、自動的に集計することが可能</mark>です。ぜひ活用できるようになってください。

　ここでは、次のような3つのシートのデータを、空白のワークシート上に統合してみます。

	A	B	C	D	E
1	店舗別販売数4月分				
2					
3	商品分類	渋谷店	新宿店	池袋店	品川店
4	和菓子	1,837	2,712	2,054	1,641
5	洋菓子	3,952	4,876	4,052	3,485
6	中華菓子	453	762	183	0
7	合計	6,242	8,350	6,289	5,126

	A	B	C	D
1	店舗別販売数5月分			
2				
3	商品分類	渋谷店	新宿店	池袋店
4	和菓子	2,013	3,184	2,956
5	洋菓子	4,052	4,741	3,963
6	軽食	247	163	742
7	合計	6,312	8,088	7,661

	A	B	C	D	E
1	店舗別販売数6月分				
2					
3	商品分類	青山店	渋谷店	新宿店	池袋店
4	和菓子	1,256	1,986	2,746	2,418
5	洋菓子	3,625	3,695	4,123	4,058
6	軽食	93	187	243	851
7	合計	4,974	5,868	7,112	7,327

　上記を見るとわかるとおり、データの内容や目的は同じですが、「**店舗別販売数4月分**」と「**店舗別販売数5月分**」では表の構成が若干異なります（5月分には「品川店」のデータが存在しない）。また、「**店舗別販売数6月分**」の構成をよく見ると、支店の記載順序が他の月と異なります。このような「差」がある場合、3-D参照機能は利用できないので、統合機能を利用して集計します。

243

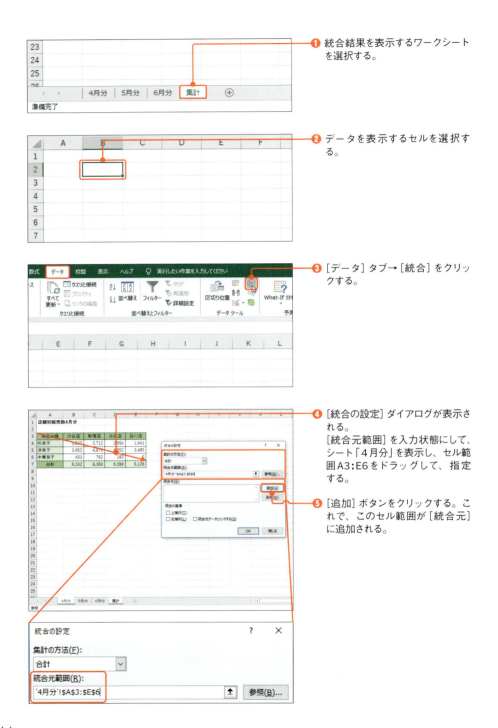

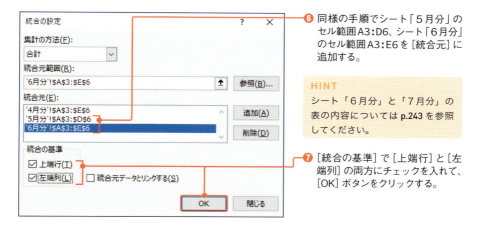

❻ 同様の手順でシート「5月分」のセル範囲A3:D6、シート「6月分」のセル範囲A3:E6を[統合元]に追加する。

HINT
シート「6月分」と「7月分」の表の内容については p.243 を参照してください。

❼ [統合の基準]で[上端行]と[左端列]の両方にチェックを入れて、[OK]ボタンをクリックする。

❽ 指定した3つの表のデータが、行と列の見出しに基づいて自動的に集計されて、1つの表にまとめられる。

Memo

ここでは別々のシートに作成された表のデータを統合しましたが、同じシートの複数の表を統合することも可能です。

使えるプロ技！ データの自動更新を設定する

　本項で紹介した統合機能では、統合元のデータが変更されたら、それに伴って統合データを自動的に更新するように設定することもできます。具体的には、[統合の設定]ダイアログで、[統合元データとリンクする]にチェックを入れて統合を実行します。
　作成された表には元データのすべてのセルを参照する数式が入力されますが、アウトライン機能（p.132）で非表示になり、集計結果だけが表示されます。

Basic Knowledge of Data Analysis　　　　　　　　　　　　　　　　Sample_Data/05-30/

30　知っておきたい「名前」の活用方法

数式で名前を利用する

　Excelの「名前」を利用すると、セルやセル範囲を簡単に選択できるということを第3章で紹介しました（p.121）。しかし、「名前」の活用法はこれだけではありません。数式の中で名前を使用することで、その計算内容をわかりやすくしたり、式を簡潔にしたりすることができます。

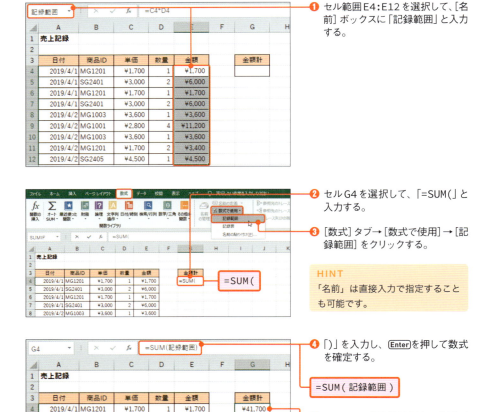

❶ セル範囲E4:E12を選択して、[名前]ボックスに「記録範囲」と入力する。

❷ セルG4を選択して、「=SUM(」と入力する。

❸ [数式]タブ→[数式で使用]→[記録範囲]をクリックする。

HINT
「名前」は直接入力で指定することも可能です。

❹ 「)」を入力し、Enterを押して数式を確定する。

❺ セルG4に「記録範囲」の合計が表示される。

246

数式に名前を付ける

「名前」は、上記のような「**セルの参照**」だけでなく、値や数式にも設定できます。ここでは、左隣のセルの値を 0.8 倍する数式に「割引価格」という名前を付けてみましょう。

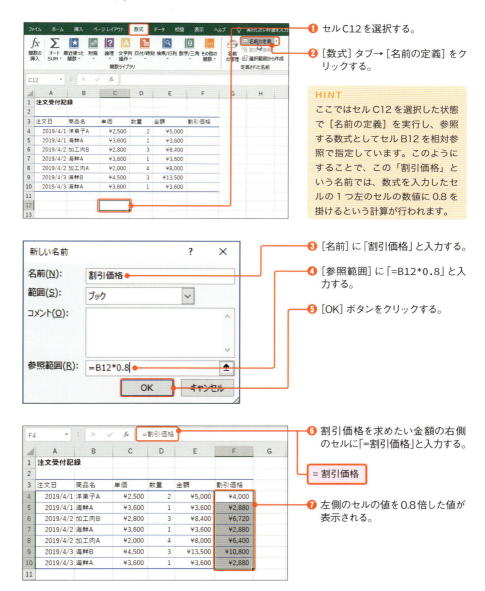

❶ セル C12 を選択する。

❷ [数式] タブ→ [名前の定義] をクリックする。

HINT
ここではセル C12 を選択した状態で [名前の定義] を実行し、参照する数式としてセル B12 を相対参照で指定しています。このようにすることで、この「割引価格」という名前では、数式を入力したセルの 1 つ左のセルの数値に 0.8 を掛けるという計算が行われます。

❸ [名前] に「割引価格」と入力する。

❹ [参照範囲] に「=B12*0.8」と入力する。

❺ [OK] ボタンをクリックする。

❻ 割引価格を求めたい金額の右側のセルに「=割引価格」と入力する。

❼ 左側のセルの値を 0.8 倍した値が表示される。

Basic Knowledge of Data Analysis　　　　　　　　　　　　　　　　Sample_Data/05-31/

31 数式を計算結果に変換する

数式全体を値に変換する

　セルに入力済みの数式、または入力中の数式を、その計算結果の値に変換することができます。ここでは、セル E4 に入力されている数式全体を、その計算結果の値に変換してみましょう。

❶ セル E4 をダブルクリックして、編集状態にする。

HINT
F2 を押してセルを編集状態にすることもできます（p.52）。

❷ F9 を押すと、セルの数式が計算結果の値に変換される。

使えるプロ技！　数式を計算結果に変換する上級テクニック

　数式を値に変換する方法には「コピーして " 値 " として貼り付ける」という方法もあります（p.60）。この方法であれば、1 つのセルだけでなく、対象のセル範囲のすべての数式を一括で値に変換できます。
　また、数式全体ではなく、その一部だけを計算結果に変換することも可能です。たとえば、上の数式の「(1+$E$1)」の部分だけを計算結果に変換するには、対象のセルを編集状態にしたうえで、「(1+$E$1)」の部分のみを選択して、F9 を押します。

Chapter

06

さまざまな
データ集計・分析機能
の活用

Usage of Excel Data Analysis Functions

Usage of Excel Data Analysis Functions

01 Excelに搭載されているデータ集計・分析機能

Excelで「ビッグデータ」の分析は可能か

「ビッグデータ」という言葉が使われはじめてから数年が経ちました。PCの性能は飛躍的に向上し、それに伴ってExcelの機能もますますパワーアップしているため、現在では、ある程度大きなデータでも、Excelで処理したり、分析したりすることが可能になっています（とはいえ、大企業が扱うような膨大な顧客データなどをExcelで処理するのは、やはり厳しいことも事実です）。

データ分析の際のポイントは「分析の対象として、同じ基準で比較できるデータを2種類以上用意すること」です。1つのデータだけでは、例えグラフ化しても、そのデータの持つ意味を読み取るのは困難です。2種類以上のデータを並べて比較したり、差分を取ったり、相関関係を求めたりすることで、それらのデータの意味がより明確になり、今後の意思決定の指針となります。

本格的なデータ分析には、やはり統計などに関する専門的な知識がある程度必要になります。しかし、Excelに搭載されているさまざまな機能を活用することで、基本的なデータ分析は可能です。ぜひ、みなさんの業務に活かしてください。

本書ではExcelに用意されている以下の機能の使い方を紹介します。

- 予測シート ⇒ p.251
- シナリオ（What-If 分析）⇒ p.252
- ゴールシーク（What-If 分析）⇒ p.255
- ソルバー ⇒ p.257
- データテーブル（What-If 分析）⇒ p.262
- ピボットテーブル ⇒ p264
- ピボットグラフ ⇒ p.272

これらの機能を利用すれば、専門知識を学ぶことなく、大量データの分析やシミュレーション、将来予測などを行うことができます。ぜひ一度、本書の解説を読み進めて、実際にこれらの機能を試してみてください。かなり強力な分析ツールであることを体感していただけると思います。

Usage of Excel Data Analysis Functions　　　　　　　　Sample_Data/06-02/

02 過去のデータから将来を予測する
―予測シート

予測シートを利用する

　蓄積した実績データに基づいて、将来の値を予測したい場合は、「予測シート」を利用します。この機能を利用すると、精度の高い予測を手軽に実行できます。表示される「将来の予測値を表す折れ線グラフ」は3本に分かれていますが、上下2本に挟まれた範囲が、信頼度95％で予測される範囲を表しています（下図参照）。

❶ 実績データが記録された表の中の1つのセルを選択する。

❷ ［データ］タブ→［予測シート］をクリックする。

HINT
この機能の処理対象になるのは、日付などの時系列とその日の売上金額のように、対応する2種類のデータが並んだ表です。

❸ ［予測ワークシートの作成］ダイアログで［作成］ボタンをクリックすると、新規ワークシートに、将来の予測値とそれに基づくグラフが作成される。

03 データのセットを瞬時に切り替える ──シナリオ

シナリオにデータを登録する

セル範囲に入力するデータのセットを複数パターン用意して、必要に応じて切り替えたいときは、「シナリオ」の機能を活用すると便利です。

ここでは、持ち帰り弁当の価格設定に関するシミュレーションを行うために、シナリオ機能を使って、2種類の原価設定を瞬時に切り替える方法を紹介します。

❶ 切り替えたりデータが入力されたセル範囲を選択する（ここではセル範囲C4:C7を選択）。

❷ [データ]タブ→[What-If分析]→[シナリオ]をクリックする。

❸ [追加]ボタンをクリックする。

④ [シナリオの追加] ダイアログが表示されるので、[シナリオ名] に「原価設定A」と入力する。

⑤ [OK] ボタンをクリックする。

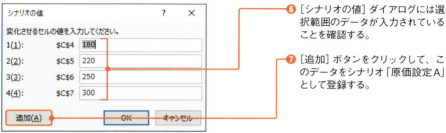

⑥ [シナリオの値] ダイアログには選択範囲のデータが入力されていることを確認する。

⑦ [追加] ボタンをクリックして、このデータをシナリオ「原価設定A」として登録する。

📝 Memo

上記の手順⑦で[追加]ボタンを押した時点で1つめのシナリオが登録されます。画面遷移としては[シナリオの追加] ダイアログに戻るので、追加処理が成功したのか否か、わかりづらい面もありますが、そのまま手順を進めて大丈夫です。

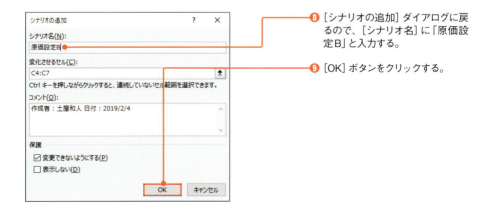

⑧ [シナリオの追加] ダイアログに戻るので、[シナリオ名] に「原価設定B」と入力する。

⑨ [OK] ボタンをクリックする。

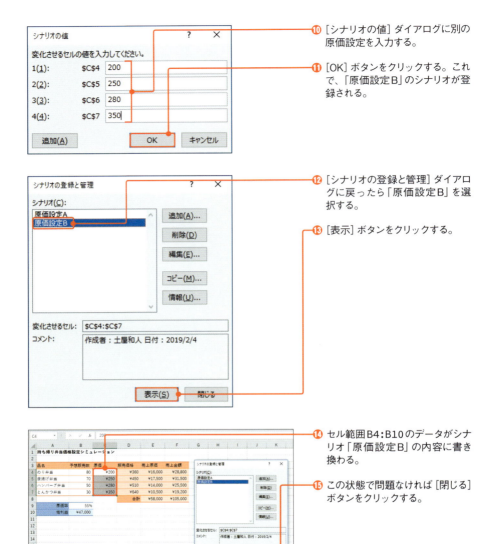

　セル範囲 B4：B10 のデータをシナリオ「原価設定 A」の内容に戻したいときは、もう一度［シナリオの登録と管理］ダイアログを開き、同様に切り替えます。

04 目標値を逆算する──ゴールシーク

ゴールシークの基本的な使い方

　数式を使った売上高や利益などのシミュレーションでは「==目標値を設定したうえで、その目標値を達成するために必要な各要素の値を逆算したい==」という状況があります。そのような場合に便利なのが「==ゴールシーク==」です。この機能を利用すると、簡単な操作で、目標の数値から逆算し、計算に使用する1つのセルの値を求めることができます。

　ここでは、ある商品の原価と販売価格、販売数量に基づいて、最終的に得られる粗利益を計算しています。「==粗利益を50,000円にするには原価率をどの程度にすればよいか==」をゴールシークで求めてみましょう。

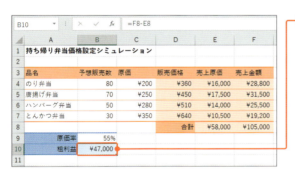

❶ 粗利益を表示するセルB10を選択する。

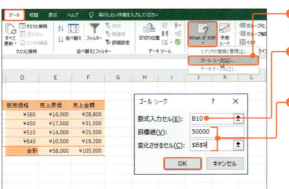

❷ [データ]タブ→[What-If分析]→[ゴールシーク]をクリックする。

❸ [数式入力セル]に、選択したセルB10が入力されていることを確認する。

❹ [目標値]に直接「50000」を入力し、[変化させるセル]には原価率が入力されたセルB9を指定して、[OK]ボタンをクリックする。

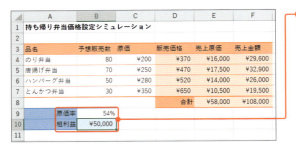

❺ セルB9の原価率が自動的に変化し、それぞれの場合のセルB10の計算結果が検証される。

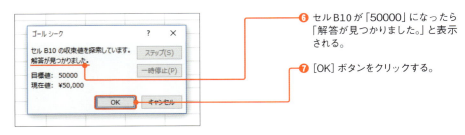

❻ セルB10が「50000」になったら「解答が見つかりました。」と表示される。

❼ ［OK］ボタンをクリックする。

　［OK］ボタンをクリックした場合、セルB9の値が変更された状態で、［ゴールシーク］ダイアログが閉じます。一方、解答が見つかった場合でも、その値に変更したくない場合は、［キャンセル］ボタンをクリックします。
　なお、セルB9の原価率は「54％」と丸めて表示されていますが、実際にはもっと細かい数値です。
　また、計算の内容によっては目標値になる値が見つからないケースもあります。その場合は、「解答が見つかりませんでした。」と表示されるので❽、やはり［キャンセル］ボタンをクリックしてこのダイアログボックスを閉じます。

05 詳細な条件を指定して、目標値を逆算する―ソルバー

ソルバーとは

「ゴールシーク」（p.255）は、目標値を逆算できる便利な機能ですが、その計算要因には1つのセルしか指定できない、比較的シンプルな機能です。目標値以外の条件も設定できません。

より詳細にいくつかの条件を設定して、売上高や利益などをシミュレーションしたい場合は「**ソルバー**」の機能を利用します。ソルバーを利用すると、複数の条件を元にして目標値から必要な数値を逆算することができます。

ソルバーを有効にする

ソルバーはExcelの標準機能ではありません。そのため、ソルバーを利用するには事前に次の手順を実行して、この機能を有効にする必要があります。

❶ [ファイル] タブ→ [オプション] をクリックする。

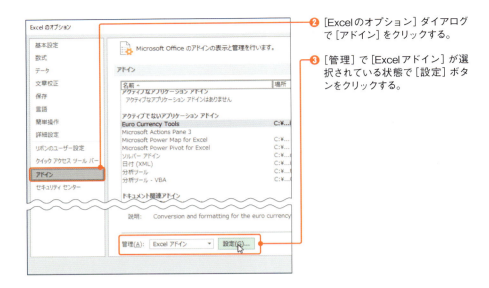

❷ [Excelのオプション] ダイアログで [アドイン] をクリックする。

❸ [管理] で [Excelアドイン] が選択されている状態で [設定] ボタンをクリックする。

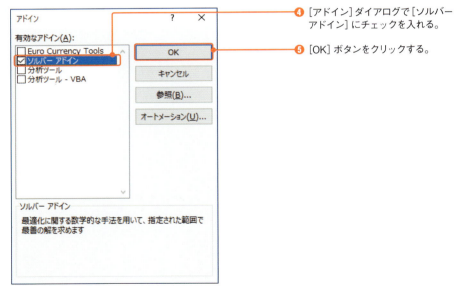

❹ [アドイン]ダイアログで[ソルバーアドイン]にチェックを入れる。

❺ [OK] ボタンをクリックする。

❻ [データ] タブに [ソルバー] が追加される。これでソルバーが使えるようになった。

ソルバーを利用する

　実際にソルバーを利用して、数式の結果が目標値になるような複数のセルの値を求めます。ここでは、4つの商品の原価と販売価格、予想販売数に基づいて、最終的に得られる粗利益を計算しています。「粗利益を 60,000 円にするには、4 つの製品の販売価格をそれぞれいくらにすればよいか」をソルバーで求めてみましょう。

　なお、各商品の販売数量は、比較演算子を使用して「○○以上、△△以下」のような範囲を指定することも可能ですが、ここでは「整数である」という条件のみをすべてのセルに設定します。

❶ ソルバーを使って、粗利益60,000円を達成するための、各商品の販売価格を求める。

❷ [データ] タブ→ [ソルバー] をクリックする。

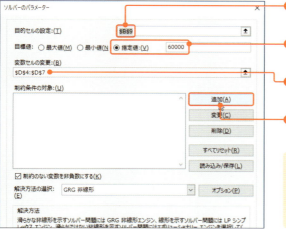

❸ [目的セルの設定] にセル B9 を指定する。

❹ [目標値] に [指定値] を選択し、「60000」と入力する。

❺ [変数セルの変更] にセル範囲 D4:D7 を指定する。

❻ [制約条件の対象] の [追加] ボタンをクリックする。

HINT
ここでは目的のセルや変数セルを「絶対参照」で指定しています。絶対参照については、p.205 を参照してください。

❼ 左図のように各項目を設定し、[追加] ボタンをクリックする。

> 📝 **Memo**
>
> [セル参照] には製品の販売価格が入力されているセル番地を指定します。上記ではセル D4 を絶対参照（p.205）で指定しています。[int] はセル参照に含まれている値が整数をあることを示す記号です。

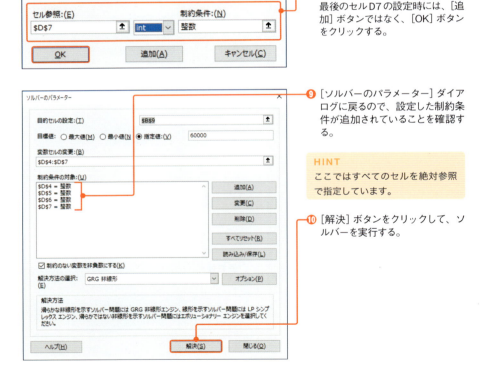

❽ 同様にセル D5 〜 セル D7 についても「整数」という条件を設定し、最後のセル D7 の設定時には、[追加] ボタンではなく、[OK] ボタンをクリックする。

❾ [ソルバーのパラメーター] ダイアログに戻るので、設定した制約条件が追加されていることを確認する。

HINT
ここではすべてのセルを絶対参照で指定しています。

❿ [解決] ボタンをクリックして、ソルバーを実行する。

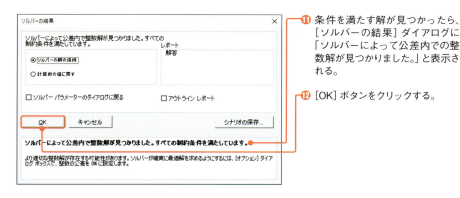

⓫ 条件を満たす解が見つかったら、[ソルバーの結果] ダイアログに「ソルバーによって公差内での整数解が見つかりました。」と表示される。

⓬ [OK] ボタンをクリックする。

⓭ セル範囲 D4:D7 の値が変化し、セル B9 の数式の結果が「60000」になっていることが確認できる。

　なお、解答が見つかっても、実際にその値に変更したくない場合は、[ソルバーのパラメーター] ダイアログで [キャンセル] ボタンをクリックします。

　また、設定内容や計算内容によっては計算結果が目標値になる値が見つからない可能性もあります。その場合は「解答が見つかりませんでした。」と表示されるので、その場合も [キャンセル] ボタンをクリックしてこのダイアログボックスを閉じてください。

使えるプロ技！ ソルバーの条件に比較演算子を使用する

　上記では各セルの制約条件を「整数」だけにしましたが、同じセルに対して、比較演算子を使った別の条件を追加指定することもできます。例えば、「のり弁当は350円以下にする」といった指定が可能です。

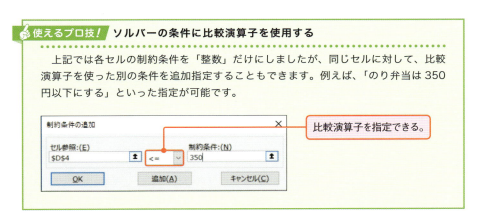

比較演算子を指定できる。

Usage of Excel Data Analysis Functions　　　　　　　　　Sample_Data/06-06/

06　計算式を変えて結果を試算する
　　　──データテーブル

データテーブルを利用する

　シミュレーションの内容によっては、「計算の要素となる値」ではなく、「==数式の計算方法==」をいろいろと変更して、その結果を確認したい場合もあるでしょう。
　例えば、各商品の原価から一定の計算方法で販売価格を求めているとき、原価を調整するのではなく、計算方法を変更することで、売上や原価構造がどのように変化するのかをシミュレーションしたいようなケースです。このような場合に便利なのが「==データテーブル==」の機能です。データテーブルを利用すれば、==1つのセルの変更で、その数式の複数の計算結果を同時に求めることができます==。
　ここでは、下図の「持ち帰り弁当価格設定シミュレーション」の表を使って、データテーブルの使い方を解説します。セル C6 には、セル B6 の原価から販売価格を求める数式「=ROUND(B6/C3, 0)」が入力されています。この数式の「B6」の部分を、セル範囲 B7:B9 の各セルに置き換えた計算の結果を表示します。

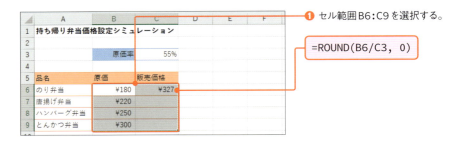

❶ セル範囲 B6:C9 を選択する。

=ROUND(B6/C3, 0)

> **Memo**
>
> ROUND 関数は、引数に指定された数値を四捨五入して、指定された桁数にする関数です。
>
> **書　式**　**ROUND 関数**
>
> ROUND(数値, 桁数)
>
> 「=ROUND(B6/C3, 0)」の数式では、セル B6（原価）をセル C3（原価率）で除算することで販売価格を求めたうえで、その計算結果を整数（小数点桁数 0）に四捨五入しています。

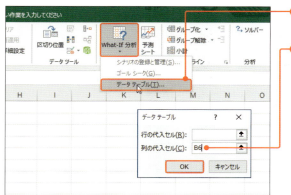

❷ [データ] タブ→ [What-If分析] →
[データテーブル] をクリックする。

❸ [列の代入セル] にセル B6 を設定して、[OK] ボタンをクリックする。

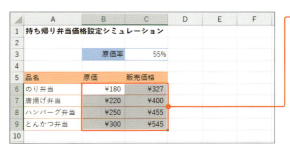

❹ セル範囲 C7:C9 にデータテーブルが設定され、セル C6 の数式の「B6」を行ごとに「B7」～「B9」に置き換えた計算結果が表示される。

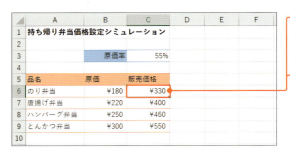

❺ セル C6 の数式を変更すると、セル範囲 C7:C9 の各セルの値もすべて変更される。

=ROUND(B6/C3, -1)

使えるプロ技！ データテーブル設定後のセルの値

データテーブルを設定したセル範囲 C7:C9 の内容を確認すると、「{=TABLE(,B6)}」という一種の数式が入力されています（実際に確認してみてください）。これは、いわゆる「配列数式」と同様、セル範囲全体に1つの数式が入力されているような状態です。そのため、全体をまとめて削除することは可能ですが、個別のセルの内容を変更することはできません。

07 クロス集計表を作成する
——ピボットテーブル

ピボットテーブルを利用する

　下図のように、1行目が見出しで、2行目以降にデータが入力されている形式の表データを「リスト」と呼びます（p.195）。また、作成するクロス集計表の行・列と区別するため、リストの列を「フィールド」、行の1件分のデータを「レコード」と呼ぶことにします。

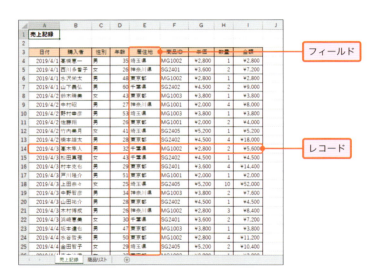

　Excel には、リスト形式で記録されたデータを元にして簡単にクロス集計表を作成できる「ピボットテーブル」という機能が用意されています。

　クロス集計表とは、行と列の見出しにそれぞれ「集計条件」となる項目を並べ、その交点に当たる各セルに「行・列の見出しの両方に共通するデータの集計結果」を表示した表のことです。ピボットテーブルでは、この行見出しと列見出しにそれぞれ「元データのフィールド」を指定し、さらに集計対象として「数値のフィールド」を指定します。

　ここでは、ギフト商品のネット販売状況を記録したリストから、商品IDと購入者の居住地のクロス集計表を作成してみます。

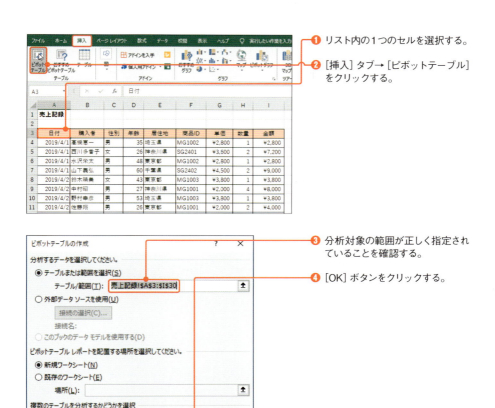

❶ リスト内の1つのセルを選択する。

❷ [挿入] タブ→ [ピボットテーブル] をクリックする。

❸ 分析対象の範囲が正しく指定されていることを確認する。

❹ [OK] ボタンをクリックする。

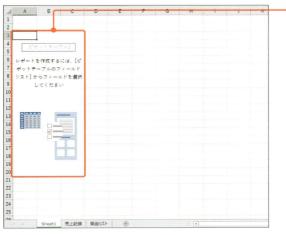

❺ 新しいワークシートが追加されて、空のピボットテーブルが作成される。

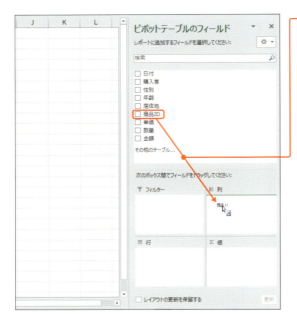

❻ 画面の右側の[ピボットテーブルのフィールド]作業ウィンドウで、上部の[商品ID]フィールドを下部の[列]ボックスへドラッグする。

HINT
この操作によって、[商品ID]フィールドに含まれている各データが、ピボットテーブルの列見出し(ラベル)となります。同じデータが複数存在する場合は、それぞれ1つにまとめられます。

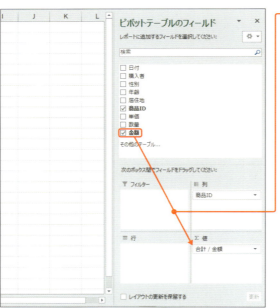

❼ [金額]フィールドを[値]ボックスへドラッグする。

HINT
この操作によって、[金額]フィールドに含まれている数値が、ピボットテーブルの集計対象となります。

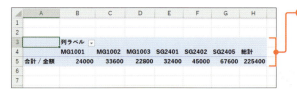

❽ 品名別の売上金額の集計結果が表示される。

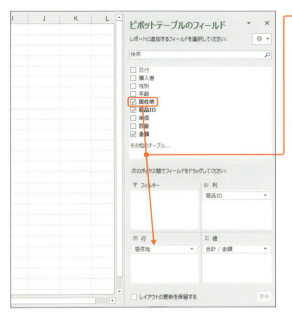

❾ [居住地] フィールドを [行] ボックスへドラッグする。

HINT
この操作によって、[居住地] フィールドに含まれている各データが、ピボットテーブルの行見出し（ラベル）となります。同じデータが複数存在する場合は、それぞれ1つにまとめられます。

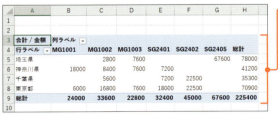

❿ 品名と居住地のクロス集計表が完成した。

📝 Memo

ピボットテーブルは、使い方の説明を聞いているだけではわかりにくい部分があるため、敷居が高いと感じる人もいると思いますが、機能そのものはとてもシンプルなので、上記の手順に沿って実際にクロス集計表（ピボットテーブル）を作ってみてください。また、[列] ボックスや [値] ボックス、[行] ボックスに他のフィールドを設定することで、クロス集計表がどのように変化するのかを確認することもお勧めです。実際に手を動かして操作すると、勘所を養うことができると思います。

08 クロス集計の対象を絞り込む
――ピボットテーブル

［フィルター］ボックスで絞り込む

　作成したピボットテーブルには通常、<mark>処理対象のリストのすべてのレコードを集計した結果</mark>が表示されます。［フィルター］ボックスを利用すれば、指定した条件を満たすレコードのみを集計対象にすることが可能になります。

　ここでは、前項（p.264）で作成したピボットテーブルを用いて、手順を進めていきます。そのため、前項を読んでいない人は先に前項の手順を確認しておいてください。

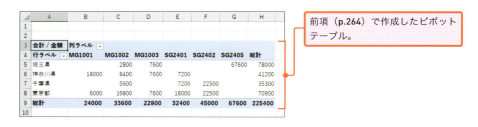

前項（p.264）で作成したピボットテーブル。

　ここでは、購入者の性別が「男」であるレコードだけが集計対象になるように、ピボットテーブルのレイアウトを修正します。

❶ ［性別］フィールドを、下部の［フィルター］ボックスへドラッグする。

❷ ピボットテーブルの左上側に表示されたフィルターの[▼]をクリックする。

❸ [男]をクリックして選択し、[OK]ボタンをクリックする。

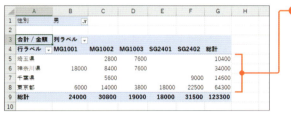

❹ [性別]フィールドの値が「男」であるレコードだけが集計の対象となる。

行のフィルターを設定する

次に、<mark>ピボットテーブルにレイアウト済みのフィールドに対してフィルターを適用します</mark>。現状では、ピボットテーブルの「行」に[居住地]フィールドを配置していますが、この中から「東京都」を除外してみましょう。

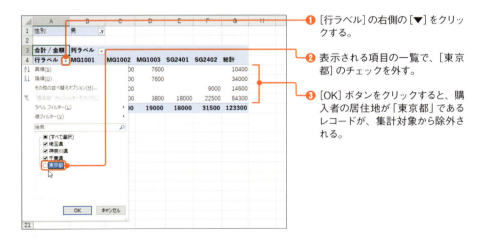

❶ [行ラベル]の右側の[▼]をクリックする。

❷ 表示される項目の一覧で、[東京都]のチェックを外す。

❸ [OK]ボタンをクリックすると、購入者の居住地が「東京都」であるレコードが、集計対象から除外される。

09 購入者を年齢層別に分類する
——ピボットテーブル

クロス集計表のフィールドをグループ化する

　購入者のプロフィール情報として「年齢」を取得・収集することは一般的ですが、年齢は当然、購入者ごとに1歳単位で異なるため、クロス集計表の見出しにするには項目数が多くなりすぎてしまいます。このようなケースでは、年齢ではなく「年齢層」ごとに集計することが有効です。年齢層とは、10代、20代……といった10歳単位の区切りです。

　ピボットテーブル（p.264）を用いて、クロス集計表のデータを年代別に区切るには「フィールドのグループ化」を行います。

　ここでは、前項（p.264）で紹介したリストと、そのリストを使って作成したピボットテーブルを用いて、クロス集計表を年代別に区切る方法を紹介します。そのため、前項を読んでいない人は先に前項の手順を確認しておいてください。

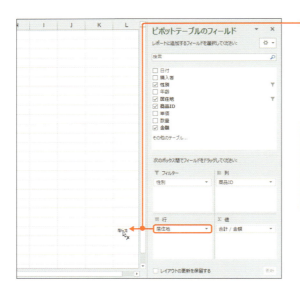

❶ p.268で作成したピボットテーブルでは、[行] ボックスに [居住地] フィールドが設定されているが、今回の例ではこの設定は不要なので、[居住地] フィールドをボックスの外へドラッグして、配置を解除する。

HINT
[フィルター]、[列]、[行]、[値] の各ボックスに設定されているフィールドは、それらを欄外にドラッグ&ドロップすることで、設定を解除できます。

❷ [年齢] フィールドを、[行] ボックスへドラッグする。

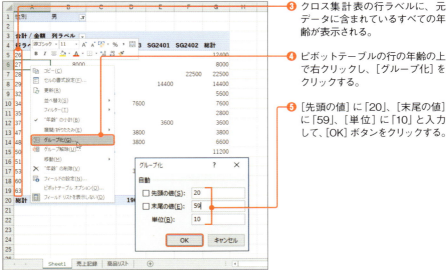

❸ クロス集計表の行ラベルに、元データに含まれているすべての年齢が表示される。

❹ ピボットテーブルの行の年齢の上で右クリックし、[グループ化] をクリックする。

❺ [先頭の値] に「20」、[末尾の値] に「59」、[単位] に「10」と入力して、[OK] ボタンをクリックする。

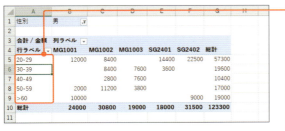

❻ 購入者の年齢が10歳区切りでグループ化されて、行ラベルに表示される。

HINT
[末尾の値] に指定した59より大きい年齢の集計結果も、「>60」というグループとして表示されます。

10 クロス集計の結果をグラフ化する
──ピボットグラフ

ピボットテーブルとピボットグラフ

　ピボットテーブルの集計結果は、「ピボットグラフ」の機能を使うことで、そのまますぐにグラフ化できます。ここでは、前項で作成したギフト商品のネット販売の記録のピボットテーブル（**p.270**）を使って、ピボットグラフを作成してみます。

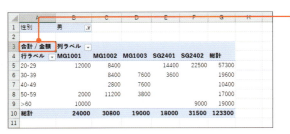

❶ ピボットテーブルの中のセルを選択する。

❷ ［ピボットテーブルツール］の［分析］タブ→［ピボットグラフ］をクリックする。

❸ ［縦棒］エリア→［集合縦棒］を選択して、［OK］ボタンをクリックする。

HINT
ピボットグラフにはさまざまな種類が用意されています。データの内容に応じて最適なグラフを選択してください。

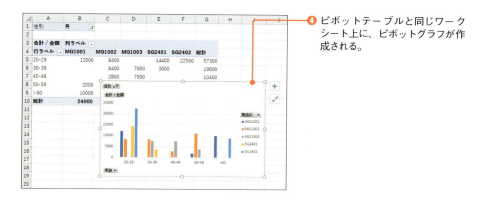

❹ ピボットテーブルと同じワークシート上に、ピボットグラフが作成される。

作成されたピボットグラフは、通常のグラフと同様、四隅または上下左右の○をドラッグしてサイズを変更したり、枠部分や内側の何もないところをドラッグして位置を移動したりできます。

元データから直接ピボットグラフを作成する

作成済みのピボットテーブルからピボットグラフを作成するのではなく、<mark>元データの「リスト」から直接ピボットグラフを作成することも可能</mark>です。

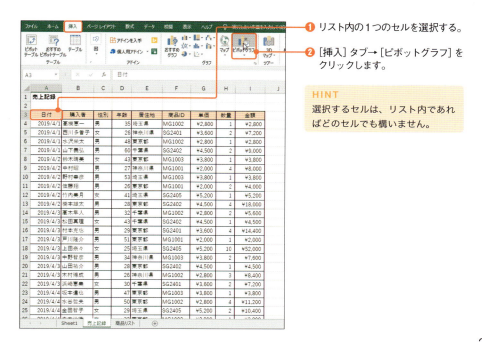

❶ リスト内の1つのセルを選択する。

❷ [挿入] タブ → [ピボットグラフ] をクリックします。

HINT
選択するセルは、リスト内であればどのセルでも構いません。

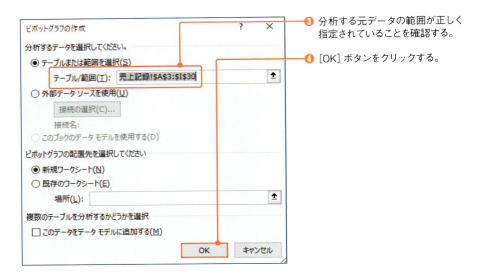

❸ 分析する元データの範囲が正しく指定されていることを確認する。

❹ [OK] ボタンをクリックする。

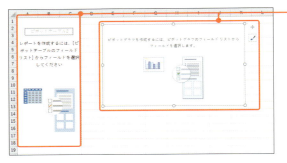

❺ 新しいワークシートが追加され、その中に空のピボットテーブルとピボットグラフが作成される。

❻ 右側の [ピボットグラフのフィールド] 作業ウィンドウで、各フィールドを下部のボックスに配置していくことで、ピボットテーブルとピボットグラフを同時にレイアウトできる。

> 📝 **Memo**
>
> [ピボットグラフのフィールド] 作業ウィンドウの操作内容は、[ピボットテーブルのフィールド] 作業ウィンドウを使ったピボットテーブルのレイアウトの手順と同様です (p.266)。

11 複数のデータを関連付けて集計する
——ピボットテーブル＋データモデル

ピボットテーブルでデータモデルを利用する

　ピボットテーブルを活用すると、「リレーショナルデータベース」と呼ばれるデータベースのように、複数の表で管理しているデータを相互に関連付けて、集計に使用することが可能です。

　例えば、「売上を記録した表」と「商品リスト」の2つの表を、両方の表に含まれている「商品ID」を使って関連付けることで、商品リストから商品名を取り出して、商品名ごとに売上金額を集計する、といった処理を実行できます。

　なお、ここでは以下のように事前準備をしています。併せて確認しておいてください。

- 「売上を記録した表」をテーブルに変換し、「売上」というテーブル名を設定
- 「商品リスト」をテーブルに変換し、「ギフト商品」というテーブル名を設定

　実際、この機能を使用する際は、表のデータを、これまで解説してきた「リスト」ではなく、「テーブル」に変換しておくことをお勧めします。Excelの表、またはリストをテーブルに変換する方法については、p.280を参照してください。

　それでは、実際に複数のテーブルを関連付けて集計してみましょう。次の手順を実行します。

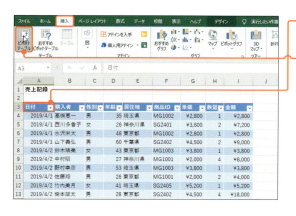

❶「売上」テーブルの中の1つのセルを選択する。

❷ [挿入] タブ→ [ピボットテーブル] をクリックする。

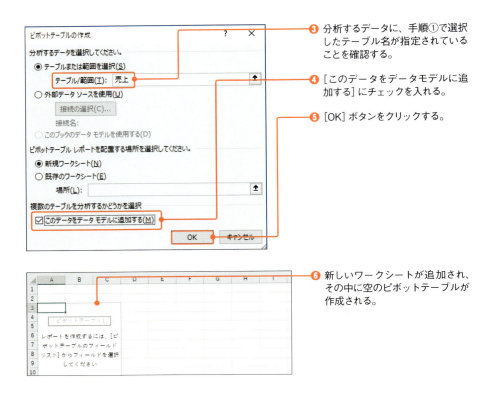

リレーションシップを設定する

続いて、[売上] テーブルの [商品ID] フィールドと、[ギフト商品] テーブルの [ID] フィールドを関連付けます。これには「リレーションシップ」の設定を行います。

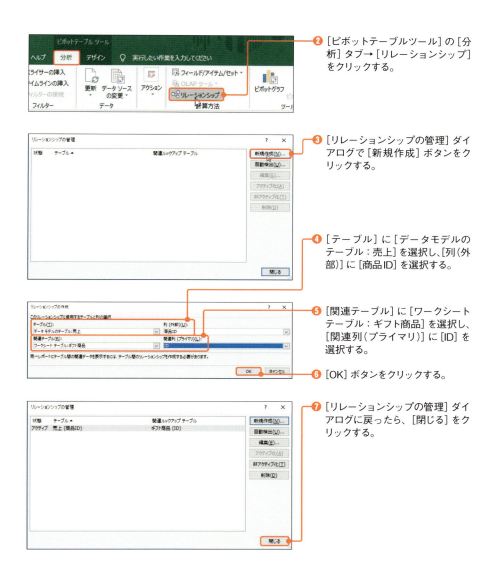

複数のテーブルに基づく、クロス集計表を作成する

　データモデルとリレーションシップを設定すると、複数のテーブルに基づくクロス集計表を作成できます。上記で連携させた（リレーションを設定した）、［売上］テーブルと［ギフト商品］テーブルの2つのテーブルを使って、クロス集計表を作成します。

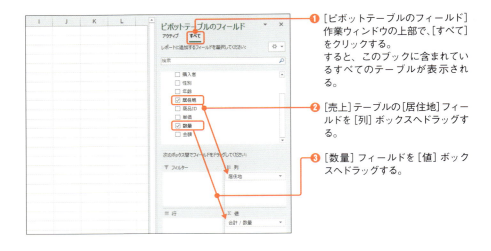

❶ [ピボットテーブルのフィールド] 作業ウィンドウの上部で、[すべて] をクリックする。
すると、このブックに含まれているすべてのテーブルが表示される。

❷ [売上]テーブルの[居住地]フィールドを[列]ボックスへドラッグする。

❸ [数量]フィールドを[値]ボックスへドラッグする。

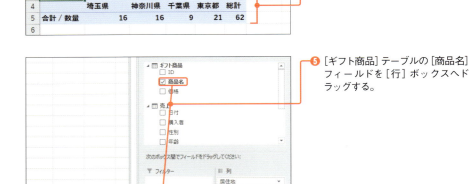

❹ ここまでの操作で左図のような表が作成される。

❺ [ギフト商品]テーブルの[商品名]フィールドを[行]ボックスへドラッグする。

❻ [売上]テーブルと[ギフト商品]テーブルの関連付けに従って、商品名と居住地のクロス集計表が表示される。

Chapter

07

テーブル機能の活用と
データの取り込み

Table Function and Acquisition of Data

Table Function and Acquisition of Data　　　　　　　　　　Sample_Data/07-01/

01　データ蓄積用の表を作成する

リストをテーブルに変換する

　リスト形式のデータ（p.195）は、そのままでもデータベース的な処理に利用できますが、「テーブル」に変換することで、データの追加やフィルターなどの処理が、より簡単に実行できるようになります。また、「テーブルスタイル」や「集計行」といった便利な機能も利用できます。

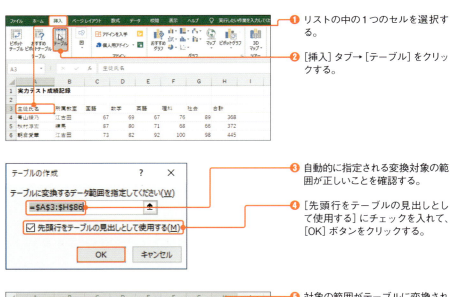

❶ リストの中の1つのセルを選択する。

❷ [挿入] タブ→ [テーブル] をクリックする。

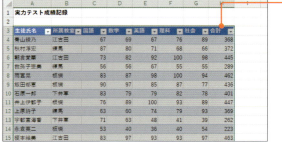

❸ 自動的に指定される変換対象の範囲が正しいことを確認する。

❹ [先頭行をテーブルの見出しとして使用する] にチェックを入れて、[OK] ボタンをクリックする。

❺ 対象の範囲がテーブルに変換されて、標準的なテーブルスタイルが適用される。

HINT
作成したテーブルには、自動的に「テーブル1」などのテーブル名が付きます。テーブル名は、[テーブルツール] の [デザイン] タブ→ [テーブル名] で確認・変更できます。

Table Function and Acquisition of Data Sample_Data/07-02/

02 テーブルの書式セットを変更する

テーブルスタイルをワンクリックで変更する

Excelにはあらかじめ豊富な「テーブルスタイル」が用意されており、好みの書式のセットを簡単に適用できます。

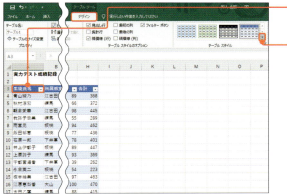

❶ スタイルを変更したいテーブル内のセルを選択する。

❷ [テーブルツール]の[デザイン]タブ→[テーブルスタイル]→[その他]をクリックして、好みのテーブルスタイルを選択する。

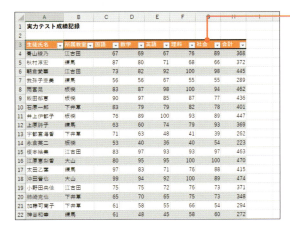

❸ 選択したテーブルスタイルが、テーブルに適用される。

HINT

[ホーム]タブ→[テーブルとして書式設定]ボタンからテーブルを作成すると、最初から好みのテーブルスタイルを選択することができます。

Table Function and Acquisition of Data

03 独自のテーブルスタイルを設定する

既存のテーブルスタイルを複製する

Excel にあらかじめ用意されているテーブルスタイル（p.281）は、全体にやや派手なので、中にはもっとシンプルなデザインにしたいと感じる人もいると思います。

既存のテーブルスタイルの書式は変更できませんが、既存のスタイルを複製し、その設定を一部変更したり、まったく新しいテーブルスタイルを設定したりすることは可能です。

ここでは、既存のテーブルスタイル「白、テーブルスタイル（淡色）4」を複製し、見出し行の塗りつぶしの色を変更して、新しいテーブルスタイルを作成してみましょう。

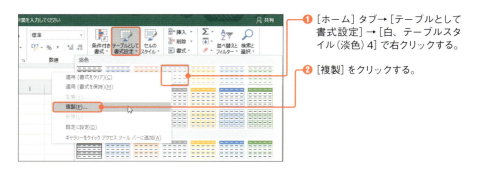

❶ [ホーム] タブ→ [テーブルとして書式設定] → [白、テーブルスタイル（淡色）4] で右クリックする。

❷ [複製] をクリックする。

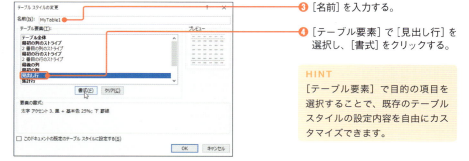

❸ [名前] を入力する。

❹ [テーブル要素] で [見出し行] を選択し、[書式] をクリックする。

HINT
[テーブル要素] で目的の項目を選択することで、既存のテーブルスタイルの設定内容を自由にカスタマイズできます。

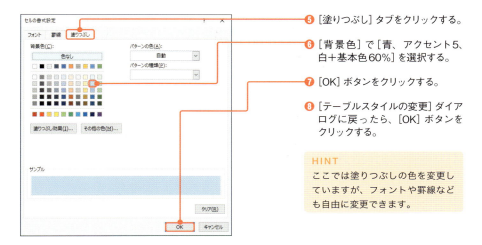

❺ [塗りつぶし] タブをクリックする。

❻ [背景色] で [青、アクセント5、白+基本色60%] を選択する。

❼ [OK] ボタンをクリックする。

❽ [テーブルスタイルの変更] ダイアログに戻ったら、[OK] ボタンをクリックする。

HINT
ここでは塗りつぶしの色を変更していますが、フォントや罫線なども自由に変更できます。

❾ テーブルスタイルの一覧に、作成したスタイルが追加される。

使えるプロ技！　新規テーブルスタイルを作成する

既存のテーブルスタイルを流用するのではなく、新しいテーブルスタイルを作成することもできます。[ホーム] タブ→ [テーブルとして書式設定] → [新しいテーブルスタイル] をクリックし❶、表示される [新しいテーブルスタイル] ダイアログで各項目を設定します。

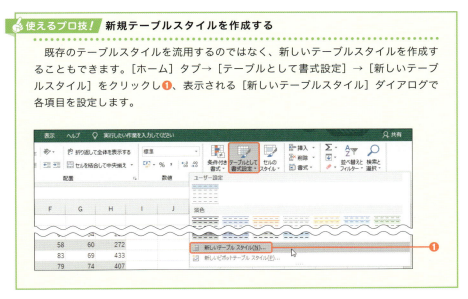

04 テーブルの最後列を目立たせる

最後列のスタイルを表示する

　テーブルの書式は、要素ごとにテーブルスタイルで設定されていますが、必ずしもすべての設定がテーブルに適用されているとは限りません。[テーブルスタイルのオプション]の設定で、一部の書式の設定がオフになっている場合もあります。

　ここでは、テーブルの最後列用に設定されているテーブルスタイルの書式（初期設定ではオフになっている）をオン（有効）にして、最後列のスタイルを変更してみます。

❶ 書式を変更するテーブルを選択する。

❷ [テーブルツール]の[デザイン]タブ→[最後の列]にチェックを入れる。

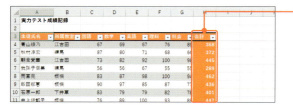

❸ テーブルの最後列の書式が変化し、行ごとの合計が強調表示される。

> **使えるプロ技！　行の縞模様を非表示にする**
>
> 　テーブルの書式は通常、1行ごとに背景所の異なる縞模様になっていますが、[テーブルツール]の[デザイン]タブ→[縞模様（行）]のチェックを外すことで、1行おきに設定されている塗りつぶしの設定をオフにすることができます。なお、[見出し行]と[集計行]をオフにすると、書式だけではなく、行自体が非表示になります。

05 テーブルに合計の行を追加する

集計行を表示する

テーブルの最下行の下に、各列の集計結果を示す「**集計行**」を表示することができます。集計内容は、通常は**合計**ですが、**平均**や**個数**など、それ以外の集計方法を選択することも可能です。

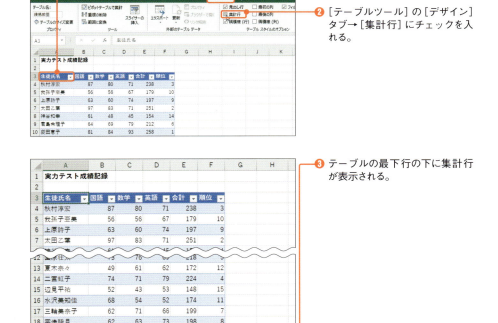

❶ テーブル内のセルを選択する。

❷ ［テーブルツール］の［デザイン］タブ→［集計行］にチェックを入れる。

❸ テーブルの最下行の下に集計行が表示される。

通常、最初に集計行を表示したときは、右端列のみに、その列の合計（列のデータが数値の場合）、またはデータの個数（列のデータが文字列の場合）が表示されます。

集計方法を変更する

集計行の各セルでは、それぞれ表示される集計の方法を変更できます。「順位」列の集計結果を非表示にして、「合計」列に平均値を表示するには次の手順を実行します。

❶ セルF19を選択して、右側の[▼]をクリックし、[なし]をクリックする。

❷ 「順位」列の集計結果が非表示になる。

❸ セルE19を選択して、右側の[▼]をクリックして、[平均]をクリックする。

❹ 「合計」列の集計行に、全生徒の合計点の平均が表示される。

HINT
集計行に表示される集計結果は、SUBTOTAL関数を使用して求められています。

Column　データの並べ替え機能とフィルター機能

　テーブルには自動的に、列見出しに「列データの並べ替え」や「フィルター」機能を利用できる［▼］ボタンが追加されます❶。このボタンを操作することで、テーブル内のデータを並べ替えたり、一部のデータのみを表示（フィルタリング）したりできるようになります。

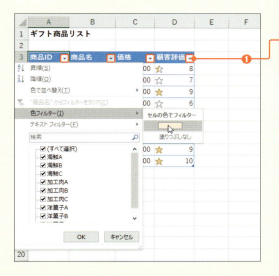

表をテーブルに変換すると、列見出しに並べ替えやフィルタリングを行うための［▼］ボタンが表示される。

　この機能の使い方は、リストを操作する手順と同じです。具体的な使い方は以下の各項目を参照してください。

・表を成績順に並べ替える　⇒ p.192
・複数の列を基準に並べ替える　⇒ p.194
・担当者の順番で並べ替える　⇒ p.199
・特定のデータだけを表示する　⇒ p.201
・特定の色の行だけを表示する　⇒ p.204

　ただし、リストでは実行可能でも、テーブルでは実行できない操作もあるので注意してください。たとえば、「一部のデータだけ並べ替える」（p.193）や「先頭行も含めて並べ替える」（p.196）、「列単位で並べ替える」（p.197）などは、リストでは実行可能ですが、テーブルでは実行できません。

06 数式でテーブルのデータを参照する──構造化参照

構造化参照とは

Excelでは、数式でテーブル内のセルを参照する方法として次の2種類の指定方法があります。

方法1 「A1」（単一のセル）や「B2:B6」（セル範囲）のようにセル番地で指定する方法
方法2 構造化参照

ここでは方法2の**構造化参照**について解説します。構造化参照とは、テーブル内のセルを参照する独自の方法です。セル番地ではなく、テーブル名や列名を使用して対象のセルを指定します。そのため、構造化参照を利用すると、数式を見ただけでどの表のどの列を参照しているのかがわかるようになります。これはとても便利です。

セルの指定方法は、方法1のセル番地を指定する方法と基本的には同じです。数式の入力中にテーブル内のセルをクリック、またはセル範囲をドラッグすると、その部分を表す構造化参照が自動的に入力されます。そのため、構造化参照の記述ルールをみなさんがあらかじめ完璧にマスターしておく必要はありません。本項を読み進めていただき、構造化参照の便利さを、ぜひ体感してください。

> 📝 Memo
> 上記のように、構造化参照はとても便利ではありますが、反面、独自のルールがあるため、直接入力で数式を書くのは、ルールに慣れるまではやや面倒です。

構造化参照の使用例

非常にわかりやすい**構造化参照**ですが、独自のルールがいくつかあるため、構造化参照が使用された数式を正しく読み取るには最低限の知識は必要です。ここではその基本的なルールを簡単に紹介します。

テーブル外のセルから、テーブルのデータ範囲（見出し行や集計行を除いたデータ行のみの範囲）を参照する場合は、**テーブル名をそのまま指定**します。

テーブル内のセルから、テーブルの特定の列全体を参照する場合は、**列見出しを [ ] で囲んで指定**します。

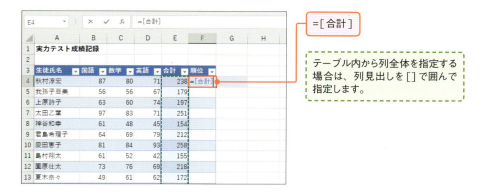

テーブル外のセルから、テーブルの特定の列全体を参照する場合は、**テーブル名の後に列見出しを [ ] で囲んで指定**します。

テーブル内のセルから、同じ行の特定の列を参照する場合は、**列見出しの前に「@」をつけて、全体を [ ] で囲んで指定**します。

テーブル外のセルから、同じ行の特定の列を参照する場合は、**列見出しの前に「@」を付け、全体を [ ] で囲み、その前にテーブル名を付けて指定**します。

テーブル内・外を問わず、テーブル内の複数の列の範囲を参照する場合は、**開始列と終了列の見出しを [ ] で囲み、「:」（コロン）でつなぎ、さらに全体を [ ] で囲んで、その前にテーブル名を付けて指定**します。

テーブル内・外を問わず、数式のセルと同じ行で、テーブル内の複数の列のセル範囲を参照したい場合は、開始列と終了列の見出しの前に「@」を付け、[]で囲んで「:」でつなぎ、さらに全体を[]で囲んで、その前にテーブル名を付けて指定します。

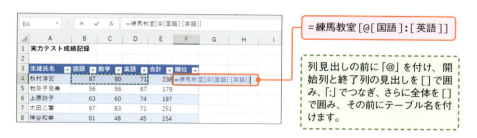

テーブルの見出し行全体を参照する場合は、テーブル名の後に [#見出し] と指定します。同様に、集計行全体を参照する場合は、テーブル名の後に [#集計] と指定します。

見出し行の特定の列を参照する場合は、列見出しを [] で囲み、[#見出し] の後に「,」（カンマ）でつなぎ、全体を [] で囲んで、その前にテーブル名を付けて指定します。

集計行の特定の列を参照する場合は [#見出し] の部分を [#集計] に置き換えます。

Table Function and Acquisition of Data　　　　　　　　　　　　　　　Sample_Data/07-07/

07　Accessのデータを取り込む

クエリで外部データベースのデータを取得する

　Excelでは、外部のデータベースに記録されているデータをワークシートに取り込むことが可能です。Excelでは、外部からデータを取り込む機能を総称して「クエリ」と呼びます。ここでは、同じOfficeファミリーのデータベースソフトである「Access」で作成した「商品管理.accdb」というデータベースファイルの「取扱商品」テーブルのデータを、Excelのワークシートに取り込む方法を解説します。

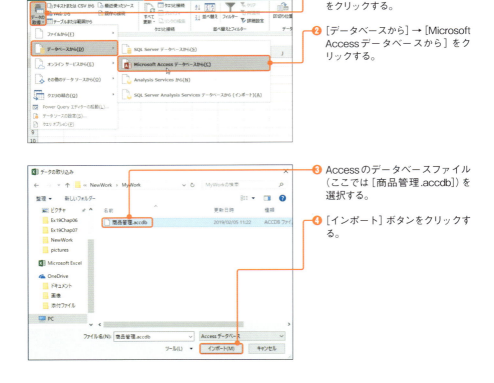

❶ [データ] タブ→ [データの取得] をクリックする。

❷ [データベースから] → [Microsoft Accessデータベースから] をクリックする。

❸ Accessのデータベースファイル（ここでは [商品管理.accdb]）を選択する。

❹ [インポート] ボタンをクリックする。

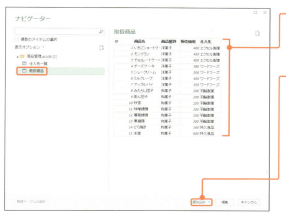

❺ [ナビゲーター] ダイアログに表示されるテーブルとクエリの一覧で対象のテーブル（ここでは [取扱商品]）を選択する。

❻ [読み込み] ボタンをクリックする。

HINT

Access データベースの中のデータのまとまりを表す用語としても「テーブル」や「クエリ」が使われています。Excel の「テーブル」「クエリ」と混同しないように注意してください。

❼ 新しいワークシートにテーブルが作成され、指定した「取扱商品」テーブルのデータが取り込まれる。

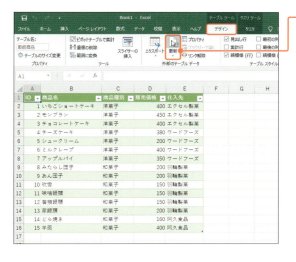

❽ 元のデータベース上のデータが追加・変更された場合は、このテーブル内のセルを選択して、[テーブルツール] の [デザイン] タブ→ [更新] ボタンをクリックする。
すると、取り込んだテーブルのデータも更新される。

08 Web上のデータを取り込む

Webクエリを利用する

　Excelのクエリ機能では、Webページ内に掲載されている表のデータを取り込むことも可能です。ここでいう「表」とは、HTMLのtableタグで作成されている表形式式のデータです。Webページの情報は短期間で新しい内容に差し替えられることも多いですが、データベースのクエリ同様、「更新」を実行することで、簡単に最新の情報に置き換えられます。

　Microsoft EdgeやGoogle ChromeといったWebブラウザーを使って、取り込みたい表データのあるWebページを開き、次の手順を実行します。

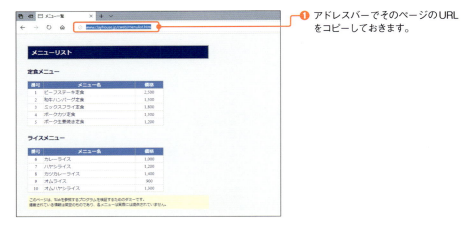

❶ アドレスバーでそのページのURLをコピーしておきます。

❷ Excelを開き、[データ] タブの [Webから] をクリックする。

❸ [URL] にコピーした URL を貼り付けて、[OK] ボタンをクリックする。

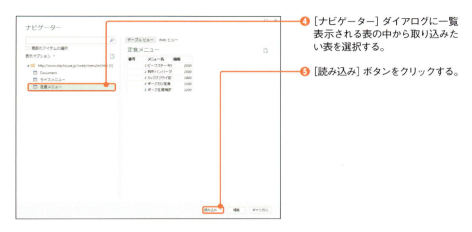

❹ [ナビゲーター] ダイアログに一覧表示される表の中から取り込みたい表を選択する。

❺ [読み込み] ボタンをクリックする。

❻ 新しいワークシートにテーブルが作成され、指定したWebページの表のデータが取り込まれる。

使えるプロ技！ Web ページの更新に対応する

元の Web ページが更新されて、表のデータが追加・変更された場合は、Excelのテーブル内のセルを選択して❶、[テーブルツール]の[デザイン]タブ→[更新]をクリックします❷。すると、取り込んだテーブルのデータも更新されます。

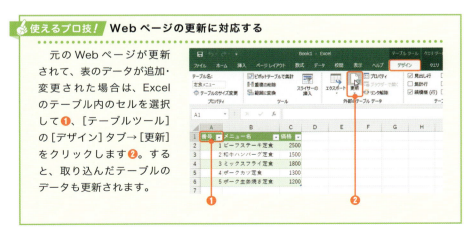

Chapter

08

伝わるグラフの作り方

How to Design a Impressive Graph

How to Design a Impressive Graph　　　　　　　　　　　　　　　　Sample_Data/08-01/

01　目的に応じたグラフを作成する

集合縦棒グラフを作成する

　Excelにはさまざまな種類のグラフが用意されています。また、簡単な手順でグラフの形状を変更できます。操作方法はとてもシンプルです。グラフ作成においては「どうやって作るか」よりも「どのグラフで表現するか」を、目的に応じて適切に判断することが大切です。

　ここでは最初に、最も基本的な「縦棒グラフ」の作成手順を紹介します。このグラフは同列の複数データを並べて比較したい場合に向いているグラフです。

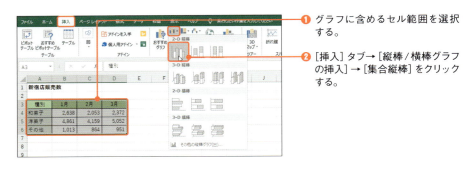

❶ グラフに含めるセル範囲を選択する。

❷ [挿入] タブ→[縦棒/横棒グラフの挿入]→[集合縦棒] をクリックする。

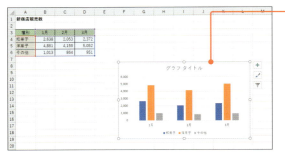

❸ ワークシート上に集合縦棒グラフが作成される。

HINT
範囲全体ではなく、1つのセルを選択してグラフを作成しても、自動的にそのセルを含む表の範囲が元データになります。ただし、不適切な範囲が自動判定される場合もあるので、表の範囲全体を選択したほうが確実です。

　内側の何もない部分か枠線の○以外の部分をドラッグして、位置を移動することができます。また、枠線の○の部分をドラッグしてサイズを変更することが可能です。

その他の縦棒グラフ

　縦棒グラフには、上記の集合縦棒グラフ以外にもいくつかバリエーションがあります。例えば「積み上げ縦棒」は、個々の項目を並べて比較するのではなく、グループごとの合計を別のグループと比較したい場合に使用します。

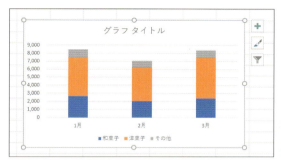

積み上げ縦棒グラフは、グループごとの合計を、別のグループと比較したい場合に適したグラフです。

　一方、「100%積み上げ縦棒」は、各グループの実際の数値には関係なく、グループごとの構成比を並べて比較したい場合に使用します。

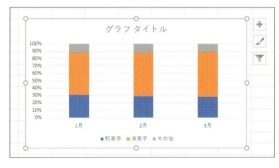

100%積み上げ縦棒グラフは、グループごとの「構成比」を比較したい場合に適したグラフです。

その他のグラフ

　Excelで作成できるその他の主なグラフと、それぞれの用途を簡単に紹介します。読み手にこれから作成するグラフで伝えたいことは何かを考えながら、最適なグラフの種類を選択してください。

　時系列の数値の推移を視覚的に表したい場合は、「折れ線グラフ」を利用するとよいでしょう。

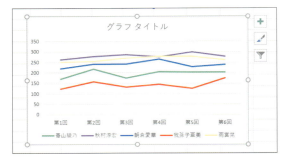
折れ線グラフは、数値の推移(変化)を時系列で確認したい場合に適したグラフです。

各項目の実際の数値よりも、全体における構成比を確認したい場合は「円グラフ」を使用します。

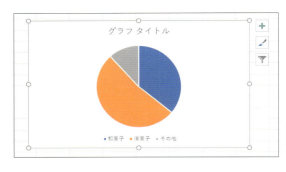
円グラフは、全体の構成比や、ある項目の全体の中での割合を確認したい場合に適したグラフです。

2種類のデータのグループの相関関係を求めるには「散布図」を使用します。なお、散布図にプロットされる各点の集まりが1本の直線に近ければ近いほど、「2種類のデータの相関関係が強い」といえます。反対に、全体的に散らばっている場合は相関関係が弱いと判断できます。

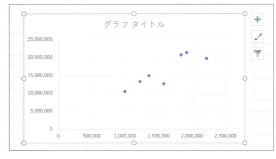
散布図を使うと、2種類のデータの相関関係を確認できます。

生徒の各教科の点数や選手の能力など、評価のバランスを視覚的に確認したい場合は、「レーダーチャート」が適しています。

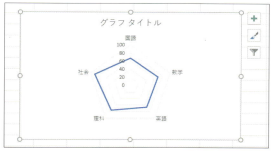

レーダーチャートを使うと、複数項目の点数や状態などをひと目で確認できます。評価のバランスのチェックに向いているグラフです。

　データの階層的な構成を表現したい場合は、「ツリーマップ」を使用します。することが可能です。

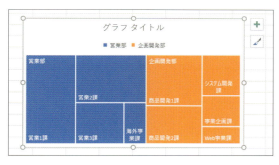

ツリーマップは、データの階層構造を表現できるグラフの一種です。左図のグラフの元データについては、本書のダウンロードデータで確認してください。

　Excelでは、1つのグラフの中に縦棒グラフと折れ線グラフなど、複数種類のグラフを組み合わせることも可能です。

Excelのグラフ作成機能はとても高機能です。使い方を習得すると、思い通りのグラフを簡単な操作ですぐに作成できるようになります。

02 「おすすめグラフ」を利用する

Excelがデータを分析して最適なグラフを決定する

　Excelには、元データの内容に応じて適切なグラフの種類を判断・提案する「おすすめグラフ」機能が搭載されています。どの種類のグラフを作成すればよいかわからない場合は、一度この機能を使ってExcelの意見を見てみてもよいかもしれません。

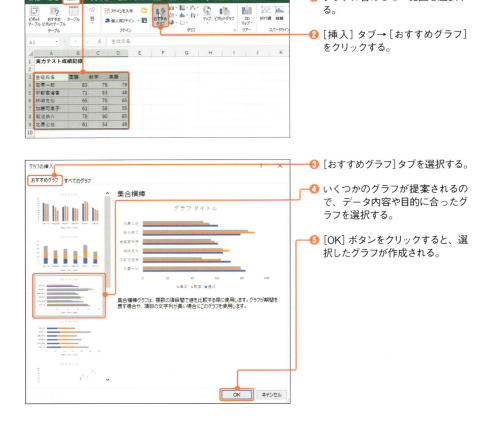

❶ グラフに含めるセル範囲を選択する。

❷ [挿入] タブ→ [おすすめグラフ] をクリックする。

❸ [おすすめグラフ]タブを選択する。

❹ いくつかのグラフが提案されるので、データ内容や目的に合ったグラフを選択する。

❺ [OK] ボタンをクリックすると、選択したグラフが作成される。

How to Design a Impressive Graph　　　　　　　　　　　　　　　　Sample_Data/08-03/

03　グラフのタイトルを変更する

正しいタイトルに編集する

　Excelで作成したグラフには自動的に「**グラフタイトル**」という文字列が表示されます。元データに応じて自動的に何らかの文字列が設定される場合もありますが、単に「グラフタイトル」と表示されていることが多いでしょう。この部分は一種の**テキストボックス**のようなものなので、直接クリックして選択するだけで、文字列を編集できます。

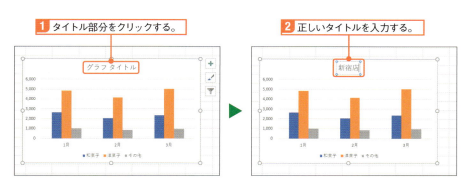

使えるプロ技！　グラフタイトルと表タイトルをリンクする

　グラフタイトルに、特定のセル（例えば、表タイトルが入力されているセル）の値を自動的に表示させるには、グラフタイトルの外枠部分をクリックして選択した状態で❶、数式バーに「=」を入力し、対象のセル番地を指定します❷。これで、リンクしたセルの値が変更されたら、グラフタイトルも自動的に更新されるようになります。

How to Design a Impressive Graph　　　　　　　　　　　　　　Sample_Data/08-04/

04　グラフのレイアウトを変更する

用意されたレイアウトを利用する

　Excelのグラフは「グラフエリア」（グラフの背景）、「プロットエリア」（実際にグラフが描画される場所）など、グラフを表示するうえで必須の要素に加えて、「縦軸」「横軸」「凡例」「グラフタイトル」など、さまざまな要素から構成されています。それらの要素を操作することで、グラフのレイアウトを変更できます。

　ここではあらかじめ用意されているレイアウトを利用してみましょう。

❶ 目的のグラフを選択する。

❷ [グラフツール]の[デザイン]タブ→[クイックレイアウト]から、任意のレイアウトを選択する。

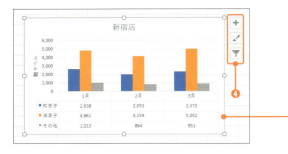

❸ グラフのレイアウトが変更される。

HINT
グラフ要素の表示／非表示は、グラフを選択したときにグラフ右側に表示される[グラフ要素]ボタンから設定できます。

　グラフのレイアウトは、みなさんが独自に変更することも可能です。グラフのデザインやレイアウト、表示データなどに関する各種設定は、シート上でグラフを選択した際に、グラフ右上に表示される3つのボタンから変更できます❹。

How to Design a Impressive Graph　　　　　　　　　　　　　　　　Sample_Data/08-05/

05　グラフスタイルを変更する

グラフの見た目をワンクリックで変更する方法

　グラフを構成する各要素には、それぞれ書式（塗りつぶしや枠線など）が設定されています。Excelには、こうした各要素の書式セットである「グラフスタイル」があらかじめ多数用意されています。新規作成したグラフには、既定のグラフスタイルが自動的に適用されますが、いつでも変更できます。

❶ 目的のグラフを選択する。

❷ ［グラフツール］の［デザイン］タブ→［グラフスタイル］から、設定したいグラフスタイルをクリックする。

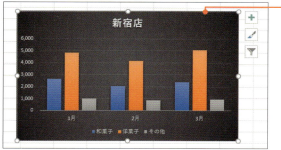

❸ 対象のグラフに指定したグラフスタイルが適用される。

HINT
グラフの各要素の書式（塗りつぶしなど）は、個別に変更することもできます。各要素をクリックして選択してから操作してください。

📝 **Memo**
グラフスタイルは、グラフを選択した際に、グラフ右横に表示される［グラフスタイル］ボタン（上から2つめのボタン）をクリックしても変更できます。

How to Design a Impressive Graph　　　　　　　　　　　　　　Sample_Data/08-06/

06　系列の色の組み合わせを変更する

色によってグラフの印象は大きく変わる

　グラフの中で、同じグループの一連のデータのことを「系列」といいます。例えば、折れ線グラフの1本の線や、縦棒グラフの同じ色の棒は同じ系列のデータです。各系列に設定される色の既定の組み合わせは決まっていますが、後から簡単に変更できます。グラフの印象は系列の色によって大きく変わるので、グラフ作成後は、最適な色を設定するようにしてください。

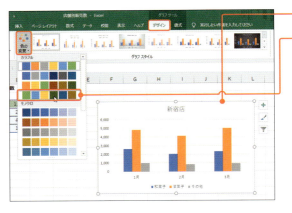

❶ 目的のグラフを選択する。

❷ [グラフツール]の[デザイン]タブ→[色の変更]から、目的の色の組み合わせを選択する。

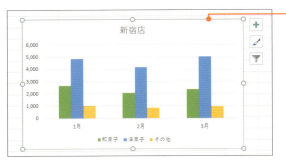

❸ グラフの系列の色が変更される。

HINT
グラフ上で各系列を選択することで、個別に色を変更することも可能です。

How to Design a Impressive Graph　　　　　　　　　　　　　　　　　　Sample_Data/08-07/

07　凡例の書式を変更する

凡例の位置を自動調整する

　グラフの凡例の位置は、ドラッグで移動することも可能ですが、この操作の場合、その他のグラフ要素の位置やサイズは調整されないため、グラフレイアウトのバランスが崩れてしまうことがあります。**Excelには凡例の位置を自動調整する機能が用意されている**ので、凡例のみを移動したい場合はこの機能を利用してみましょう。

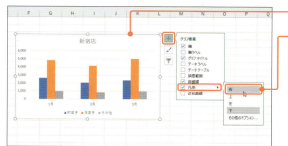

❶ 目的のグラフを選択する。

❷ ［グラフ要素］ボタンの［凡例］の矢印をクリックして、配置したい位置を選択する。

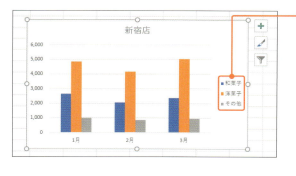

❸ 凡例の位置が移動し、その他のグラフ要素の位置も自動調整される。

Memo

凡例は、第三者にグラフを内容を伝えるうえで非常に重要な役割を果たします。そのため、見やすく、読みやすい位置に凡例を置くことは、ビジネスシーンに限らず、グラフを作成する際には十分に留意してください。凡例の良し悪しでグラフの見やすさは大きく変わります。

凡例の表示／非表示を切り替える

　グラフの凡例は表示／非表示を切り替えることができます。グラフの新規作成時には自動的に表示されるので、不要である場合は非表示にします

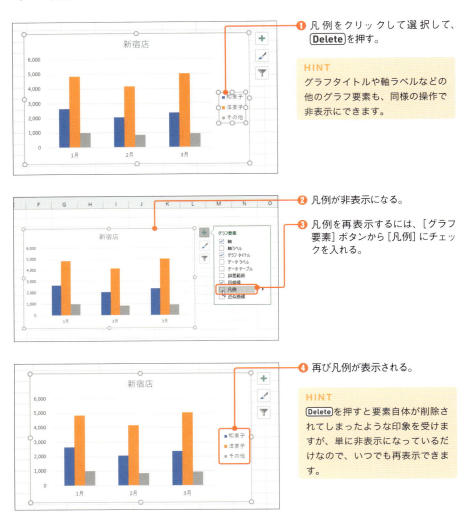

❶ 凡例をクリックして選択して、[Delete]を押す。

HINT
グラフタイトルや軸ラベルなどの他のグラフ要素も、同様の操作で非表示にできます。

❷ 凡例が非表示になる。

❸ 凡例を再表示するには、[グラフ要素] ボタンから [凡例] にチェックを入れる。

❹ 再び凡例が表示される。

HINT
[Delete]を押すと要素自体が削除されてしまったような印象を受けますが、単に非表示になっているだけなので、いつでも再表示できます。

How to Design a Impressive Graph　　　　　　　　　　　　　　Sample_Data/08-08/

08　データラベルの書式を変更する

データラベルを表示する

　「データラベル」とは、系列名や値などを表示するグラフ要素です。通常はグラフの各系列に対して設定されています。ここでは、円グラフのデータラベルの書式を設定する方法を紹介しますが、他の種類のグラフであっても基本的な操作方法は同じです。

　データラベルが表示されていない場合は、事前にグラフ上に表示させることが必要です。

❶ 目的のグラフを選択し、[グラフ要素]ボタンから[データラベル]にチェックを入れる。

❷ グラフ内の各系列のデータラベルが表示される。

データラベルの表示内容を指定する

　データラベルに表示する内容は、「値」以外にもいろいろと指定可能です。ここでは、「値」の表示をやめ、「分類名」のみを表示するように変更します。

309

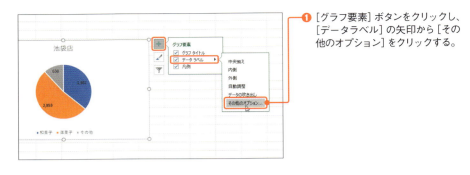

❶ [グラフ要素] ボタンをクリックし、[データラベル] の矢印から [その他のオプション] をクリックする。

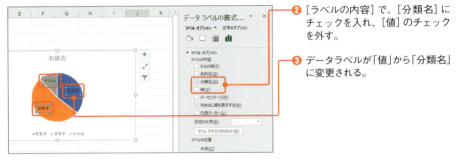

❷ [ラベルの内容] で、[分類名] にチェックを入れ、[値] のチェックを外す。

❸ データラベルが「値」から「分類名」に変更される。

データラベルの表示位置を指定する

　データラベルを表示する位置もみなさんが自由に変更できます。指定できる位置は［中央］、［内部外側］、［外側］、［自動調整］の4種類です。ここでは、円グラフの外側にデータラベルを移動してみます。

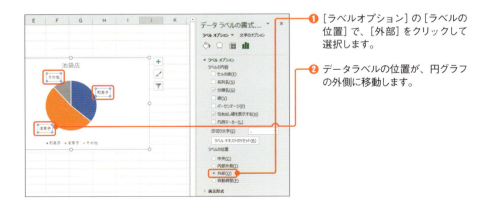

❶ [ラベルオプション] の [ラベルの位置] で、[外部] をクリックして選択します。

❷ データラベルの位置が、円グラフの外側に移動します。

How to Design a Impressive Graph　　　　　　　　　　　　　Sample_Data/08-09/

09　グラフをグラフィックで表現する

グラフのアイコン機能を利用する

　縦棒グラフや横棒グラフの棒の部分には「塗りつぶしの書式」を設定できます。塗りつぶしの設定値に図（画像）を指定することで、人やコインなどのイラストを使った「絵グラフ」を実現できます。

　ここでは、ワークシート上に挿入したビールジョッキのアイコンを使用して、絵グラフを作成してみます。

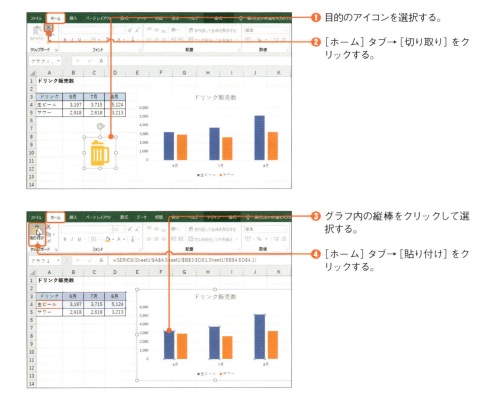

❶ 目的のアイコンを選択する。

❷ ［ホーム］タブ→［切り取り］をクリックする。

❸ グラフ内の縦棒をクリックして選択する。

❹ ［ホーム］タブ→［貼り付け］をクリックする。

311

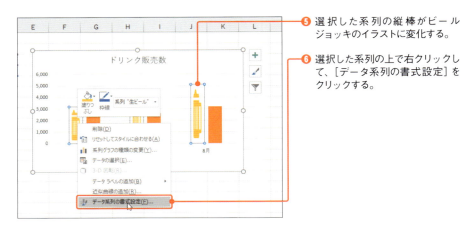

❺ 選択した系列の縦棒がビールジョッキのイラストに変化する。

❻ 選択した系列の上で右クリックして、[データ系列の書式設定]をクリックする。

❼ [塗りつぶし]をクリックする。

❽ [引き伸ばし]が選択されている部分を[積み重ね]に変更する。

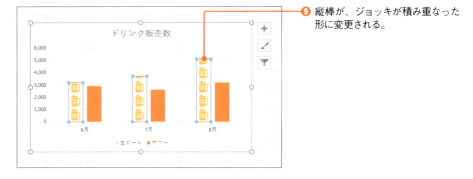

❾ 縦棒が、ジョッキが積み重なった形に変更される。

Chapter

09

「印刷」を完璧に習得する

Mastering a Excel Print Function

01 印刷時の改ページ位置を指定する

大きい表を印刷する場合の注意点

　ワークシートに作成した表の大きさが、印刷する用紙の大きさよりも大きい場合は、2ページ以上に分割されて印刷されます。このとき、通常の設定では、1ページ目には用紙に収まる表の範囲が印刷され、2ページ目以降には各ページに入り切らなかった部分（はみ出した部分）が印刷されます。==自動的に決定される改ページ位置は、印刷関連の操作をすると、ワークシート上に点線で示されます==（下図参照）。

改ページの位置は左図のように破線で表示されます。一見するとわかりづらいですが、よく見ると確認できます。

> 📝 **Memo**
> 自動的に決定される改ページ位置は、シートのページ設定やExcelの印刷設定、プリンターの種類などによって変わる可能性があります。Excelはセル幅や行の高さなども自由に変更できるため、作成したシートを印刷する際は、印刷の状況をしっかりと確認したうえで、適切に設定することが重要です。

改ページ位置を指定する

　常に特定の位置で改ページしたい（印刷するページを分けたい）場合は、任意のセルを選択し、そこに「**改ページ**」を設定します。

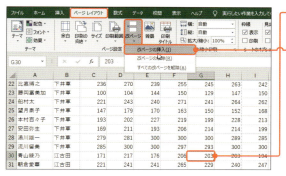

❶ 次ページに送りたい位置の先頭セルを選択する。

❷ ［ページレイアウト］タブの［改ページ］→［改ページの挿入］をクリックする。

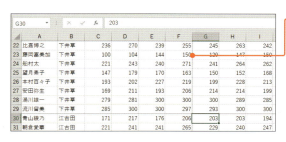

❸ 選択したセルの上側と左側の位置に改ページが設定され、やや太い実線で示される。

　改ページの設定は複数箇所に挿入できます。挿入した箇所で必ず改ページされるので、印刷の仕上がりを確認しながら、挿入してください。

> **使えるプロ技！　改ページの解除**
>
> 　改ページを解除したい場合は、改ページが設定されているセルを選択し、［ページレイアウト］タブ→［改ページ］ボタン→［改ページの解除］をクリックします❶。
>
>

02 改ページの位置を確認・変更する

改ページプレビューで表示する

　改ページを設定すると、その位置が枠線よりも濃い実線などで示されますが (p.315)、決して見やすいとはいえません。特に、セルに罫線を設定している場合、改ページの破線や実戦は非常にわかりにくい状態といえます。

　改ページ位置を確認・変更したい場合は、表示モードを一般的な「標準ビュー」から「改ページプレビュー」に切り替えます。改ページプレビューに切り替えると、画面が縮小表示され、印刷される範囲全体が太い青線で囲まれます。

❶ ［表示］タブ→［改ページプレビュー］をクリックする。

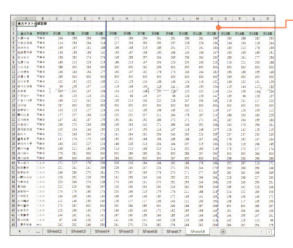

❷ シートの表示モードが「改ページプレビュー」に切り替わる。

HINT
改ページプレビューになると、画面が縮小表示され、印刷される範囲全体が太い青線で囲まれます。また、シート上にグレイの文字で「1ページ」「2ページ」と印刷ページ番号が表示されます。

改ページプレビューで表示される青い線には次の2種類があります。

● 青い線の種類

種類	説明
青い点線	Excelによって自動的に設定される改ページ位置を表す
太く青い実線	ユーザーが設定した改ページ位置を表す

なお、改ページプレビューでも、標準ビューと同様、セルを編集できますし、表示倍率も自由に変更できます。

改ページプレビューの状態を終了して標準ビューに戻すには、[表示] タブ→ [標準] ボタンをクリックします。

改ページの位置をドラッグ操作で変更する

改ページプレビューの状態では、マウス操作で簡単に改ページの位置を指定できます。

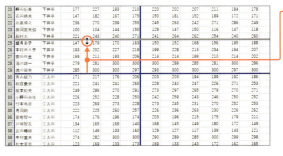

❶ 改ページ位置を表す青線をドラッグする。

❷ 改ページ位置が変更される。

HINT

ここでは水平方向の青線をドラッグして上下を区切る改ページ位置を設定しましたが、同様に垂直方向の青線をドラッグして、左右を区切る改ページ位置を設定することも可能です。

設定済みの改ページ位置を解除したい場合は、その線を上方向、または左方向のワークシートの外側までドラッグします。
　なお、改ページの位置はみなさんが自由に決めることができますが、==本来の1ページ分の範囲を超える位置へドラッグすると、その範囲までが1ページに収まるように、自動的に縮小印刷が設定されます==。このため、表が想定よりも小さく印刷されてしまうこともあるので注意してください。改ページの位置も大切ですが、印刷後の読みやすさも大切です。

> **Memo**
>
> 改ページビューへの切り替えは、画面下部のステータスバーの右側にある［改ページプレビュー］をクリックすることでも実行できます❶。同様に、ステータスバー右側の［標準］をクリックすることで標準ビューに戻せます❷。

使えるプロ技！　印刷範囲の設定・変更

　表示モードを「改ページプレビュー」に切り替えた際に表示される「外枠の太い青線」をドラッグすることで、印刷範囲（p.320）を設定・変更することが可能です。この方法が印刷範囲を設定する最も簡単な方法です。

❶ 外枠の太い青線をドラッグする。　　❷ 印刷範囲が変更される。

　表の全部を印刷するのではなく、一部分のみを印刷したい場合は上記の手順で印刷範囲を設定すると便利です。

03 印刷状態に近い画面で作業する

表示モードを「ページレイアウトビュー」に変更する

実際の印刷時と近い状態で表のデザインなどを整えたい場合は、表示モードを「ページレイアウトビュー」に変更します。

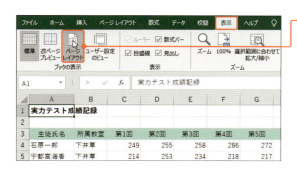

❶ [表示] タブ→ [ページレイアウト] をクリックする。

HINT
ページレイアウトビューへの切り替えボタンは、画面下部のステータスバー右側にもあります (p.318)。

❷ 作業中のワークシートがページレイアウトビューで表示される。

HINT
ページレイアウトビューでは、印刷されるページごとに各セルが区切って表示され、余白部分やヘッダー／フッター (p.324) も表示されます。

標準ビューに戻すには、[表示] タブ→ [標準] ボタンをクリックするか、ステータスバー右側の [標準] をクリックします (p.318)。

04 印刷する範囲を指定する

印刷用のデータのみを印刷する方法

Excelでは、メインの表とは別に、ワークシートの空いている部分に参照用のデータを入力することがあります。このような「印刷しない表」「顧客には見せたくない表」を印刷対象から除外するには、「印刷範囲」を設定します。

❶ 印刷したい表の範囲を選択する。

❷ [ページレイアウト] タブ→ [印刷範囲] → [印刷範囲の設定] をクリックする。

HINT
印刷範囲を設定する際は、画面の表示モードを「改ページプレビュー」(p.316) にしておくとわかりやすいです。

❸ 選択したセル範囲が印刷範囲に設定される。

HINT
左図では、わかりやすいように選択を解除しています。

なお、設定した印刷範囲を解除したい場合は、[ページレイアウト] タブ→ [印刷範囲] → [印刷範囲のクリア] をクリックします。

Mastering a Excel Print Function　　　　　　　　　　　　　　　　　　Sample_Data/09-05/

05　見出し部分を全ページに印刷する

通常の設定では見出し部分は印刷されない

　表の上端行や左端列には、多くの場合、==表のタイトルや見出し情報が入力されます==。しかし、Excel の既定の設定では、大きい表を複数ページにわたって印刷した場合、見出し行や見出し列が印刷されるのは先頭ページだけです。2ページめ以降には印刷されません。このため、以下のように非常に見づらい状態で印刷されてしまうことがあります。

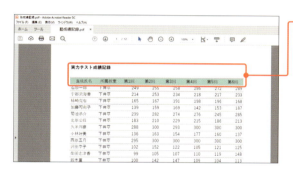

❶ 1ページめには表のタイトルや見出しが印刷される。

HINT
左図では、表の印刷状態を確認するために、Excel のシートを PDF 形式で書き出して表示しています（p.334）。

❷ 2ページめには、1ページめと同じ列が印刷されているが、表のタイトルや見出しは表示されていない。

> 📝 **Memo**
> 表のタイトルは毎ページに必要ないかもしれませんが、列数が多い場合は、列見出しは各ページに印刷したほうが資料としての読みやすさは向上すると思います。

Chapter 09　「印刷」を完璧に習得する

321

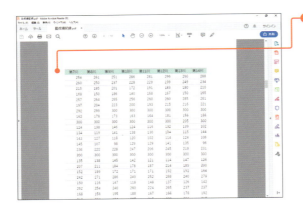

❸ 3ページめには、見出しは表示されているが、[生徒氏名] や [所属教室] の列が表示されていないため、このページだけを見ても、誰の情報であるのかが確認できない。

表の見出しを設定する

　印刷する全ページに、表の見出し部分を印刷するには「印刷タイトル」を設定します。

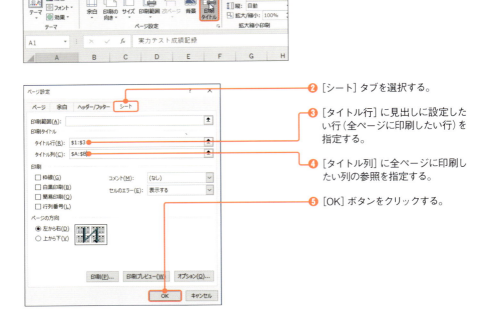

❶ [ページレイアウト] タブ→ [印刷タイトル] をクリックする。

❷ [シート] タブを選択する。

❸ [タイトル行] に見出しに設定したい行（全ページに印刷したい行）を指定する。

❹ [タイトル列] に全ページに印刷したい列の参照を指定する。

❺ [OK] ボタンをクリックする。

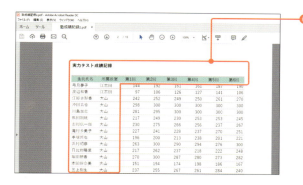

❻ すべてのページに、[タイトル行]と[タイトル列]に指定した範囲が印刷される。

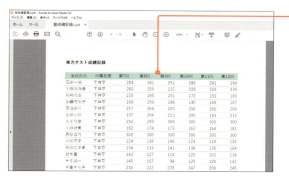

❼ 列数が多い表でも、タイトル行やタイトル列を設定することで、読みやすい表の状態で印刷できる。

> ### 🛠 使えるプロ技！ [ページ設定]ダイアログを使いこなす
>
> [ページレイアウト]タブ→[印刷タイトル]をクリックすると表示される[ページ設定]ダイアログでは、上記で解説した「印刷範囲」以外にも、印刷に関するさまざまな項目を設定できます。例えば、[印刷]エリア❶では、枠線や行番号、コメントなどを印刷対象に含めるか否かを設定できます。
>
> また、ダイアログ下部にある[印刷プレビュー]ボタン❷を押すことで、Backstageビューの[印刷]画面が表示され（p.331）、印刷状態を確認することが可能です。[オプション]ボタン❸を押すと、さらに細かく各項目を設定できます。
>
>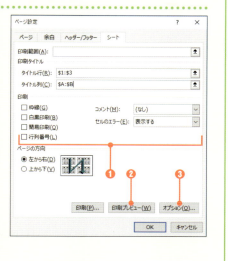

Mastering a Excel Print Function　　　　　　　　　　　　　　　　Sample_Data/09-06/

06　全ページに番号と日付を印刷する

ヘッダーとフッターを設定する

　全ページの上部に共通して印刷される情報を「==ヘッダー=="といい、全ページの下部に共通して印刷される情報を「==フッター=="といいます。
　ここでは、ヘッダーに「印刷日」、フッターに「ページ番号」を設定します。
　ヘッダーとフッターは、[ページ設定]ダイアログの[ヘッダー/フッター]タブでも設定できますが、ページレイアウトビュー（p.319）で設定してみましょう。

❶ [挿入]タブ→[テキスト]→[ヘッダーとフッター]をクリックする。

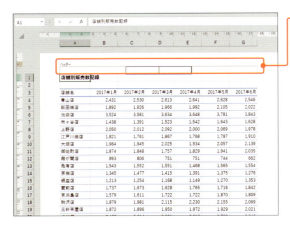

❷ 画面の表示モードが自動的に「ページレイアウトビュー」に切り替わり、ページ上側のヘッダーが編集状態になる。

HINT
ヘッダー/フッターともに、左・中央・右の3つの入力エリアが用意されています。

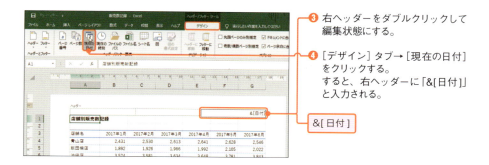

❸ 右ヘッダーをダブルクリックして編集状態にする。

❹ [デザイン] タブ→ [現在の日付] をクリックする。
すると、右ヘッダーに「&[日付]」と入力される。

&[日付]

> **Memo**
>
> ヘッダーやフッターを編集している状態では、リボンに [ヘッダー/フッターツール] の [デザイン] タブが表示され、このタブが選択された状態になります。

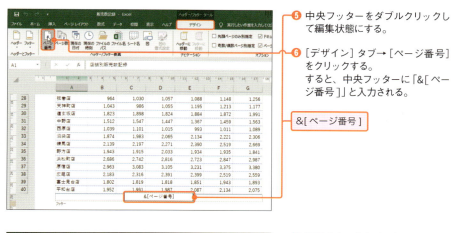

❺ 中央フッターをダブルクリックして編集状態にする。

❻ [デザイン] タブ→ [ページ番号] をクリックする。
すると、中央フッターに「&[ページ番号]」と入力される。

&[ページ番号]

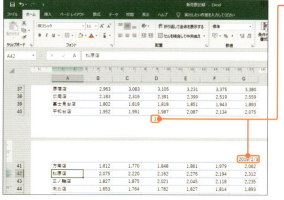

❼ 任意のセルをクリックして、ヘッダー/フッターの編集モードを終了すると、画面上部に日付が、下部にページ番号が表示される。

Mastering a Excel Print Function　　　　　　　　　　　　　　　　Sample_Data/09-07/

07　奇数ページと偶数ページで
　　　フッターの設定を変える

ページ番号をページ下部の左右に記載する方法

　前項で解説した方法では、ページ番号は常にページ下部の中央に表示されます。ここでは、先頭ページにはページ番号を印刷せず、奇数ページでは右下、偶数ページでは左下にページ番号を印刷するように設定してみましょう。

❶ [デザイン] タブを選択し、[先頭ページのみ別指定] と [奇数/偶数ページ別指定] にチェックを入れる。

❷ 2ページめの左フッターをクリックして編集状態にすると、「偶数ページのフッター」と表示される。

❸ [デザイン] タブ→ [ページ番号] をクリックすると、左フッターに「&[ページ番号]」と入力される。

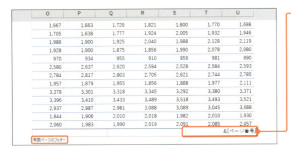

❹ 3ページめの右フッターをクリックして編集状態にすると、「奇数ページのフッター」と表示される。

❺ 手順❸と同様に、右フッターに「&[ページ番号]」と入力する。これでページ番号が奇数・偶数ページで左右にわかれて記載される。

Mastering a Excel Print Function　　　　　　　　　　　　　　　　　　Sample_Data/09-08/

08　会社名とロゴ（画像）を印刷する

全ページに繰り返し掲載する

　会社名や会社のロゴなど、資料の全ページに繰り返し掲載するものもヘッダーやフッターに設定するとよいでしょう。

　ここでは、会社名を偶数ページの右フッターに掲載し、会社のロゴ（画像）を中央フッターに掲載する方法を解説します。ここで使用している会社ロゴは、画像ファイル「logo.jpg」として本書のダウンロードデータ内に用意してあります。

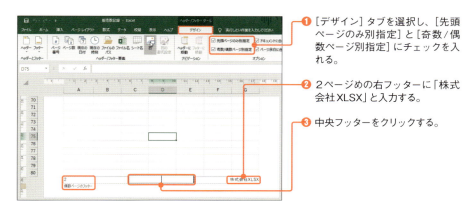

❶ [デザイン]タブを選択し、[先頭ページのみ別指定]と[奇数/偶数ページ別指定]にチェックを入れる。

❷ 2ページめの右フッターに「株式会社XLSX」と入力する。

❸ 中央フッターをクリックする。

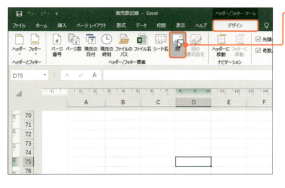

❹ [デザイン]タブ→[図]をクリックする。

327

❺ [画像の挿入] ダイアログで [ファイルから] をクリックする。

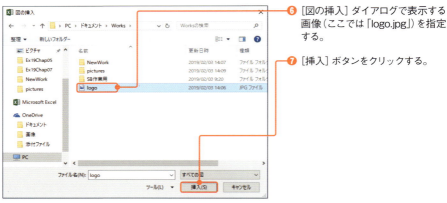

❻ [図の挿入] ダイアログで表示する画像 (ここでは「logo.jpg」) を指定する。

❼ [挿入] ボタンをクリックする。

❽ 任意のセルをクリックして、ヘッダー / フッターの編集モードを終了する。

❾ ページ上部の左側には「株式会社XLSX」の文字が、中央にはロゴの画像が表示される。

📝 Memo

ヘッダー / フッターに指定できる画像のファイル形式は、JPEG、PNG、BMP、GIF などです。なお、画像のサイズがヘッダー / フッターのエリアに収まらないほど大きい場合、ワークシートの部分まではみ出して表示されます。

Mastering a Excel Print Function　　　　　　　　　　　　　　　　Sample_Data/09-09/

09　印刷設定などを登録・変更する

ユーザー設定のビューを利用する

　1つのワークシートのデータを用いて、印刷する範囲や設定を変えて、複数の印刷結果を得たい、といった場合は、「ユーザー設定のビュー」を利用すると便利です。この機能は基本的には、1つのブック内での表示状態を保存し、必要に応じて再現する機能ですが、その中に印刷設定を含めることもできます。

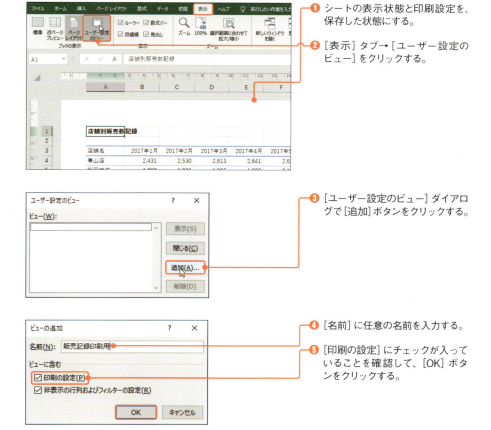

❶ シートの表示状態と印刷設定を、保存した状態にする。

❷ [表示]タブ→[ユーザー設定のビュー]をクリックする。

❸ [ユーザー設定のビュー]ダイアログで[追加]ボタンをクリックする。

❹ [名前]に任意の名前を入力する。

❺ [印刷の設定]にチェックが入っていることを確認して、[OK]ボタンをクリックする。

これで、現在の表示と印刷設定が、指定した名前で「ビュー」として登録されます。同様の手順で、表示設定や印刷設定を変更して、複数のビューを登録します。

登録済みのビューの状態を再現する

　ブックに登録したユーザー設定のビューを使用して、登録された表示状態と印刷設定を再現します。

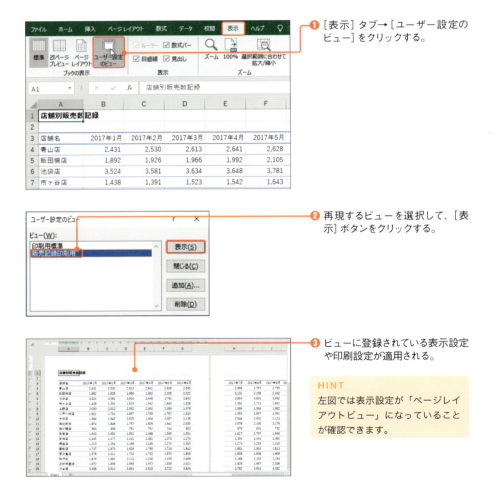

❶ [表示] タブ→ [ユーザー設定のビュー] をクリックする。

❷ 再現するビューを選択して、[表示] ボタンをクリックする。

❸ ビューに登録されている表示設定や印刷設定が適用される。

HINT
左図では表示設定が「ページレイアウトビュー」になっていることが確認できます。

Mastering a Excel Print Function　　　　　　　　　　　　　　　　Sample_Data/09-10/

10　印刷設定をマスターする

［印刷］画面で設定して印刷する

　Excelで作成した表は、画面上だけで完結したり、PDFに出力したりするケースもありますが、依然、プリンターで印刷することが最終目的である場合も多いでしょう。印刷関連の設定は［ページレイアウト］タブでも変更できますが、印刷実行時の画面でもほとんど設定が可能です。

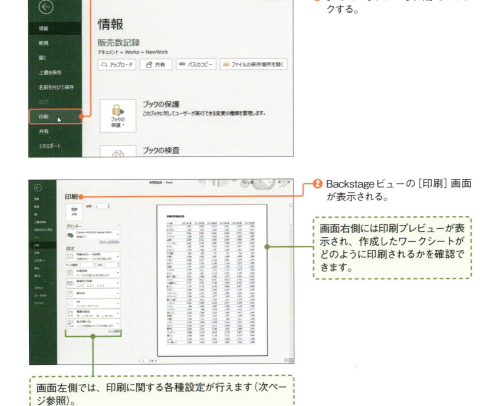

❶［ファイル］タブ→［印刷］をクリックする。

❷ Backstageビューの［印刷］画面が表示される。

画面右側には印刷プレビューが表示され、作成したワークシートがどのように印刷されるかを確認できます。

画面左側では、印刷に関する各種設定が行えます（次ページ参照）。

Chapter 09　「印刷」を完璧に習得する

331

［印刷］画面の設定項目

ここでは、［印刷］画面で設定できる各項目の概要を説明します。実際に印刷する際に参考にしてください。

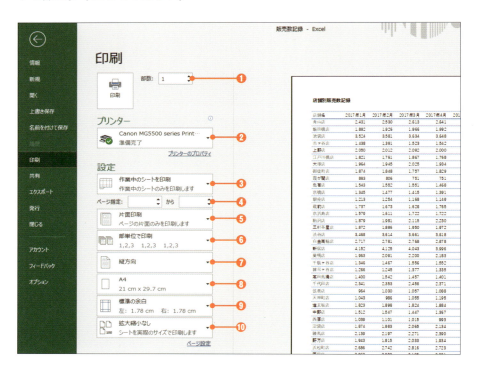

● ［印刷］画面の設定項目

番号	設定項目	説明
❶	部数	印刷する部数を指定できる。複数ページに渡って印刷される場合は、その印刷順も下で指定できる。
❷	プリンター	印刷で使用するプリンターを指定する。PDFなどの出力用ドライバーが有効になっている場合はそれらも指定できる。
❸	印刷対象の範囲指定	印刷範囲を指定する。［作業中のシートを印刷］以外に、［ブック全体を印刷］や［選択した部分を印刷］を選択できる。また、［印刷範囲を無視］にチェックを付けると、ワークシートの印刷範囲の設定を無視して印刷する。
❹	ページ指定	複数ページにわたって印刷されるワークシートの開始ページと終了ページを指定できる。
❺	片面印刷 両面印刷	プリンターが対応していれば、片面印刷するか、両面印刷するかを選択できる。［片面印刷］の［▼］をクリックし、2種類の［両面印刷］のうちのいずれかを選択する。

❻	印刷の順序	部数が2部以上で、複数ページにわたって印刷する場合に、印刷する順番を指定できる。 ［部単位で印刷］は、まず1部目の1ページから最終ページまで印刷した後、2部目の1ページから最終ページまで、というように印刷する。 ［ページ単位で印刷］は、まず1ページ目を指定の部数だけ印刷した後、2ページ目を指定の部数だけ印刷、というように印刷する。
❼	印刷の方向	用紙に印刷する方向を、［縦方向］または［横方向］から選択できる。
❽	用紙サイズ	印刷する用紙のサイズを指定する。初期設定はA4だが、プリンターが対応している用紙サイズであれば、さまざまなサイズの用紙に印刷できる。
❾	余白のサイズ	余白のサイズを設定できる。［標準の余白］の［▼］をクリックし、［広い］、［狭い］などを選択できる。［ユーザー設定の余白］をクリックすると、［ページ設定］ダイアログの［余白］タブが表示され、余白を数値で指定できる。
❿	拡大・縮小	用紙に対して表のサイズが大きい、または小さい場合に、拡大・縮小して印刷することが可能。用紙サイズに合わせて自動調整することも可能で、［シートを1ページに印刷］、［すべての列を1ページに印刷］、［すべての行を1ページに印刷］などを選択できる。

すべての設定が終わったら、画面左上の［印刷］ボタンをクリックして、印刷を実行します。

使えるプロ技！ より細かく設定するには

余白の設定は、画面の右側の印刷プレビューで［余白の表示］をクリックして、プレビュー画面上で確認・変更することも可能です。この方法ではより直感的に余白を調整できます。

また、拡大・縮小の設定で［拡大縮小オプション］を選択すると、［ページ設定］ダイアログの［ページ］タブが表示され、拡大・縮小率を数値で指定することが可能です。

使えるプロ技！ 表をPDFで保存する方法

［印刷］画面で、［プリンター］に［Microsoft Print to PDF］を選択して❶、［印刷］ボタンをクリックすると❷、実際には印刷されず、PDFのファイルとして出力されます。

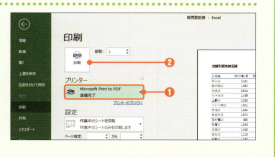

11 PDF形式で保存する

PDFにエクスポートする

完成した表は、プリンターで印刷するだけでなく、PDF形式で保存することも可能です。PDF形式で保存すれば、メールなどに添付できますし、さまざまな環境で閲覧可能になります。

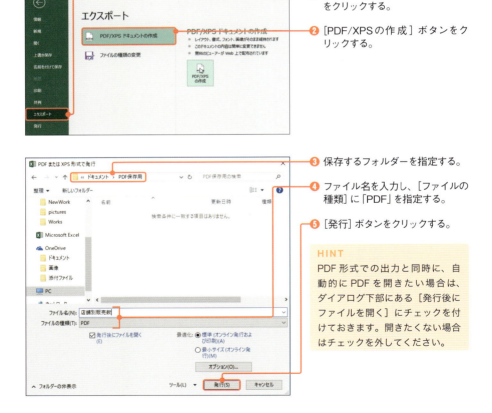

❶ [ファイル] タブ→ [エクスポート] をクリックする。

❷ [PDF/XPSの作成] ボタンをクリックする。

❸ 保存するフォルダーを指定する。

❹ ファイル名を入力し、[ファイルの種類] に「PDF」を指定する。

❺ [発行] ボタンをクリックする。

> **HINT**
> PDF形式での出力と同時に、自動的にPDFを開きたい場合は、ダイアログ下部にある [発行後にファイルを開く] にチェックを付けておきます。開きたくない場合はチェックを外してください。

Chapter

10

環境設定とセキュリティ設定

System Preferences and Security Settings

System Preferences and Security Settings

01 作業環境を整える

作業環境は［Excelのオプション］ダイアログで設定する

　Excelを効率的に操作するうえでは、慣れた環境で作業することが重要です。Excelでは各項目を細かく設定できるので、自分にあった作業環境を構築するようにしてください。なお、一度にすべての項目を理解する必要はありませんし、必ずしもすべての項目を設定する必要もありません。必要になったタイミングで、必要な項目のみを設定していきます。

　Excelの作業環境は基本的に、[Excelのオプション]ダイアログで設定します。[ファイル]タブの[オプション]をクリックします。

❶ [ファイル]タブ→[オプション]をクリックする。
すると、別ウィンドウで[Excelのオプション]ダイアログが表示される。

HINT
[Excelのオプション]ダイアログをキー操作で開くには、Altを押してから、F→Tを順番に押します。

使えるプロ技！　環境設定の有効範囲

　[Excelのオプション]ダイアログで変更した設定は、基本的に、作業中のExcelで開いたすべてのブックで有効です。ただし、[詳細設定]などの一部については、特定のブック、またはシートでのみ有効な設定もあります。なお、同じパソコンであっても、Windowsの別のユーザーでサインインした場合は、ユーザーごとに異なる設定になります。

●[基本設定]画面

[基本設定]画面では、ユーザーインターフェイスや起動時の設定など、作業環境に関する基本的なオプションを設定します。

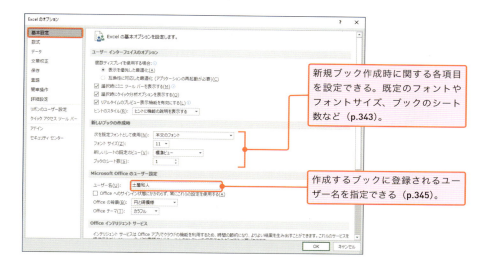

新規ブック作成時に関する各項目を設定できる。既定のフォントやフォントサイズ、ブックのシート数など（p.343）。

作成するブックに登録されるユーザー名を指定できる（p.345）。

●[数式]画面

[数式]画面では、数式の計算方法などに関するオプションを設定します。

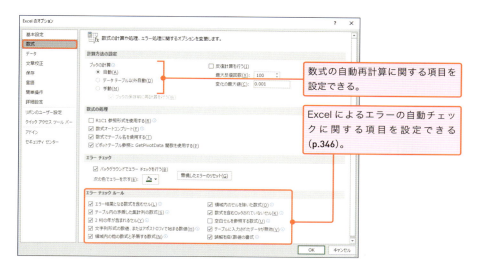

数式の自動再計算に関する項目を設定できる。

Excelによるエラーの自動チェックに関する項目を設定できる（p.346）。

●[データ]画面

[データ]画面では、外部データの取り込みやデータ分析に関するオプションを設定します。

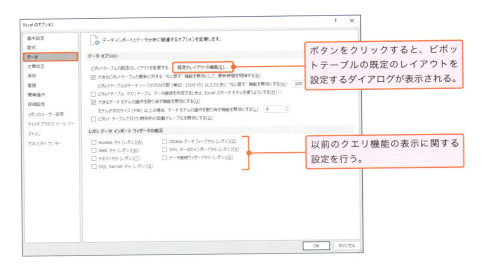

●[文章校正]画面

[文章校正]画面では、文章の自動修正機能やスペルチェックなどについて設定します。

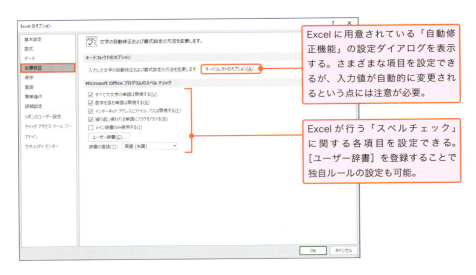

●[保存]画面

[保存]画面では、ブックの自動保存や自動回復機能などについてのオプションを設定します。

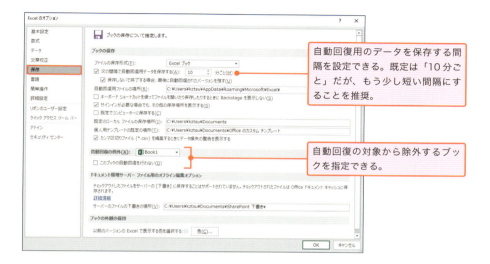

自動回復用のデータを保存する間隔を設定できる。既定は「10分ごと」だが、もう少し短い間隔にすることを推奨。

自動回復の対象から除外するブックを指定できる。

●[言語]画面

[言語]画面では、Office の編集や表示の言語について設定します。

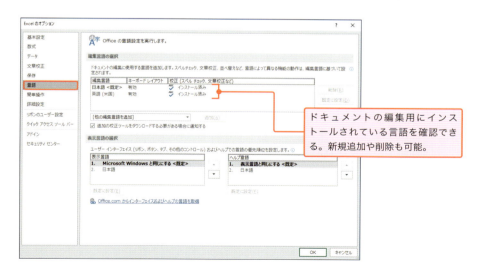

ドキュメントの編集用にインストールされている言語を確認できる。新規追加や削除も可能。

●[簡単操作]画面

[簡単操作]画面では、Excelの使いやすさを向上させるための設定を行います。

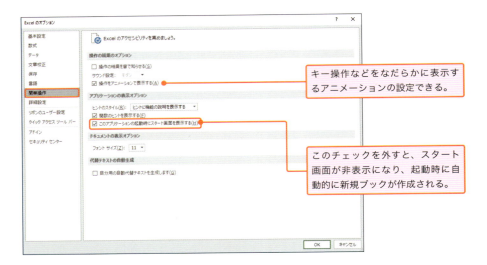

●[詳細設定]画面

[詳細設定]画面では、Excelのさまざまな操作に関連した詳細なオプションを設定します。

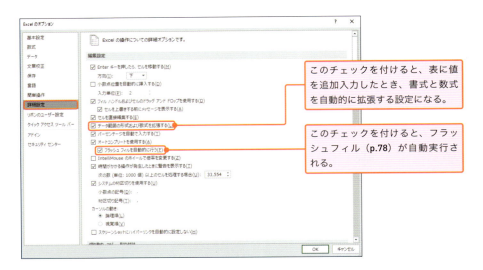

●[リボンのユーザー設定] 画面

[リボンのユーザー設定] 画面では、リボンの構成をカスタマイズできます
(p.352)。

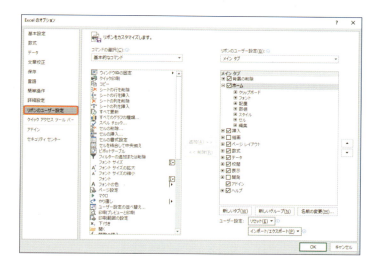

●[クイックアクセスツールバー] 画面

[クイックアクセスツールバー]画面では、クイックアクセスツールバー(p.349)
から実行可能な機能をカスタマイズできます。

●[アドイン]画面

[アドイン]画面では、Excel に機能を追加するための「外部プログラム」を設定・管理します。

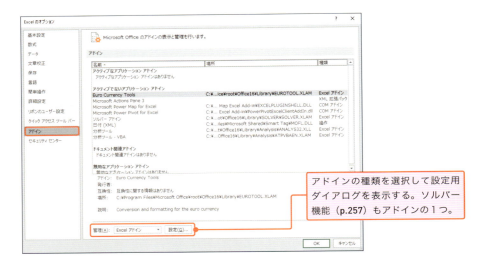

アドインの種類を選択して設定用ダイアログを表示する。ソルバー機能（p.257）もアドインの1つ。

●[セキュリティセンター]画面

[セキュリティセンター]画面では、Excel を安全に使用するための設定を行います。ただし、この画面で具体的な設定を変更するというよりは、実際の設定画面である[セキュリティセンター]を開くための入り口的な画面です。

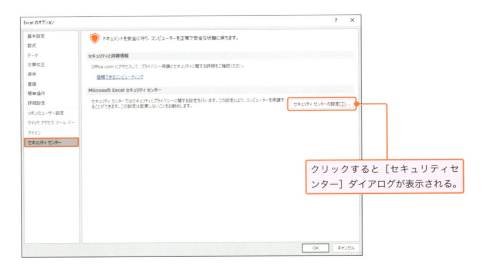

クリックすると[セキュリティセンター]ダイアログが表示される。

02 標準のフォントを変更する

見やすく、わかりやすいフォントを使用する

　セルや図形ではさまざまなフォントが使用できますが、新規ブックを作成したとき、標準ですべてのセルに設定されているフォントは「游ゴシック」です（Excel 2013以前の標準フォントは「MS Pゴシック」です）。

　「游ゴシック」は、好みもありますが、デザイン的には「MS Pゴシック」よりも洗練されており、また画面表示と印刷結果との差が少ないなどのメリットもあります。

　一方で、デザインが洗練されたことに伴って、「MS Pゴシック」よりも文字が薄い、または弱い印象を受けるかもしれません。また、以前の書類と同じフォントを利用したいなどの理由で「MS Pゴシック」を標準フォントに変更したいケースもあるでしょう。標準フォントは次の手順で変更します。

❶ [ファイル] タブ → [オプション] をクリックする。
すると、別ウィンドウで [Excelのオプション] ダイアログが表示される。

HINT
[Excelのオプション] ダイアログをキー操作で開くには、Altを押してから、F→Tを順番に押します。

Memo
Excelのフォントは簡単に変更できるので、一度、変更したうえで、実際の使い方（印刷して使うのか否かなど）でどのフォントが最適であるか確認してみてください。

❷ [基本設定] を選択する。

❸ [次を既定フォントとして使用] に、初期設定時は [本文のフォント] が設定されている。

HINT
「本文のフォント」はブックのテーマ（p.189）によって決まります。既定テーマの「Office」に設定されている本文のフォントは「游ゴシック」（Excel 2016 以降）です。

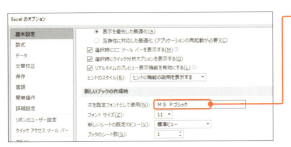

❹ 任意のフォントを指定して（ここでは [MS Pゴシック]）、画面右下の [OK] ボタンをクリックする。

❺ 再起動を促すメッセージが表示されるので、一度Excelを終了して、再起動する。

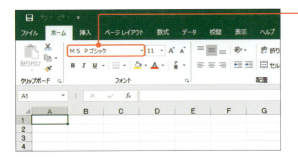

❻ Excelを再起動すると、以後、新規作成したブックの標準フォントが「MS Pゴシック」になる。

使えるプロ技！ 既存ブックの標準フォントを変更する方法

すでに作成済みのブックの標準フォントを変更したい場合は、単にすべてのセルを選択してフォントを変更するのではなく、[セルのスタイル]（p.174）の [標準] スタイルで、フォントを変更します。標準フォントを変更すると、シートの行・列番号もそのフォントで表示されます。すべてのセルのフォントを変更しただけでは、[すべてクリア] などでセルの書式を初期化すると、その部分が元の [游ゴシック] に戻ってしまいます。

Sample_Data/10-03/

03 ユーザー名を変更する

個人情報の扱いに注意する

　ブックを新規作成したり、作成済みのブックを変更して保存したりすると、作業したExcelに登録されている「ユーザー名」が、「作成者」や「最終更新者」として記録されます。ブックを顧客に提出する際や、インターネットで公開する際などは、登録されているユーザー情報が世に出してもよいものであるかを改めて確認することが重要です。また、必要に応じてユーザー名を変更します。

❶ [ファイル] タブをクリックしてBackstageビューを開くと、作業中のブックに登録されているユーザー名を確認できる。

❷ 今後作成・編集するブックのユーザー名を変更するには、[ファイル] タブ→ [オプション] をクリックする。

❸ [基本設定] を選択する。

❹ [Microsoft Officeの作業設定] の [ユーザー名] に任意の名前を入力し、ダイアログ下部の [OK] ボタンをクリックする。

HINT
作成済みブックの「作成者」は、[ファイル] タブ→[情報]をクリックし、[プロパティ] → [詳細プロパティ]から変更できます。[最終更新者] を変更したい場合は、ここで解説した方法でユーザー名を変えてから、ブックを上書き保存してください。

System Preferences and Security Settings

04 自動エラー表示を設定する

エラーチェックルールの確認・変更方法

　Excelでは、いわゆる「==エラー値==」（p.44）以外に、セルの左上に「==緑のエラー==」が表示されることがあります。このエラーを表示する設定を「==エラーチェックルール==」といいます。

　この緑のエラーは、エラー値のような明らかな問題はないが、入力した数式などに何らかのミスが含まれている可能性がある際などに、警告の意味で表示されます。

　作業中のExcelに設定されているエラーチェックルールを確認するには次の手順を実行します。

❶ [ファイル]タブ→[オプション]をクリックする。

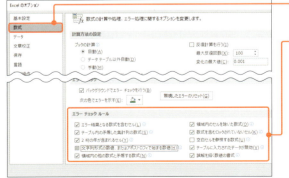

❷ ダイアログの左側で[数式]をクリックする。

❸ 画面下部の[エラーチェックルール]エリアで、作業中のExcelに設定されているエラーチェックルールを確認できる。
チェックを外すとそのルールを無効にできる。

346

System Preferences and Security Settings

05 自動修正機能のオン／オフを切り替える

便利だけれど、時に厄介な「オートコレクト」機能

　Excelには、入力中のミスを自動的に修正してくれる「オートコレクト」と呼ばれる機能が搭載されています。オートコレクトは人間の誤入力を自動検知して修正してくれる、とても便利な機能ですが、場合によっては、正しいデータを勝手に変更してしまうこともあるため、利用する際は注意が必要です。

　オートコレクト機能のオプション設定は、次の手順で変更できます。修正対象を追加したり、無効にしたりできます。

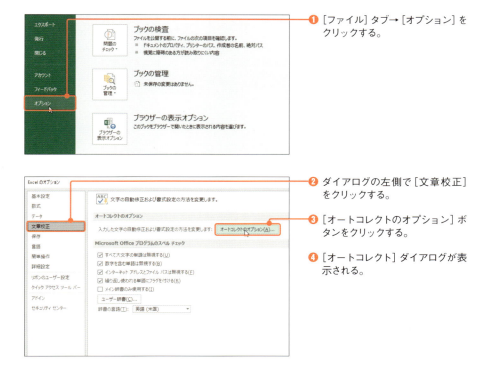

❶ [ファイル] タブ→ [オプション] をクリックする。

❷ ダイアログの左側で [文章校正] をクリックする。

❸ [オートコレクトのオプション] ボタンをクリックする。

❹ [オートコレクト] ダイアログが表示される。

Chapter 10 環境設定とセキュリティ設定

347

オートコレクトの設定方法

　オートコレクト機能の処理対象や処理内容は、[オートコレクト] ダイアログで細かく設定できます。例えば、[2 文字目を小文字にする]、[文の先頭文字を大文字にする] などの自動修正を無効にしたい場合は、チェックを外します❶。

　[入力中に自動修正する] 以下の項目は、あらかじめ登録されている自動修正項目です。自動修正したくない単語がある場合は、その行を選択して❷、[削除] ボタンをクリックします❸。

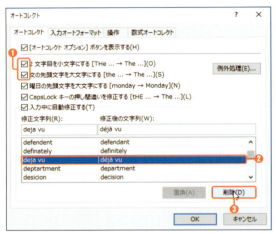

設定が終わったら、[OK] ボタンをクリックしてこのダイアログボックスを閉じ、さらに [Excelのオプション] ダイアログも [OK] ボタンで閉じます。

　反対に、自動修正したい単語がある場合は、[修正文字列] と [修正後の文字列] に入力して❹、[追加] ボタンをクリックします❺。この機能を利用して、入力が面倒な単語を数文字の入力で簡単に入力できるようにする方法もあります。

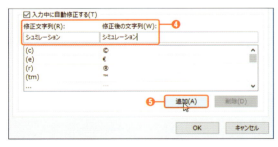

すべての設定が完了して、Excelの画面に戻ったら、実際にセルに入力して、自動修正機能の働き方を確認してください。

System Preferences and Security Settings

06 クイックアクセスツールバーの登録内容を変更する

頻繁に使う機能を登録しよう！

　クイックアクセスツールバーは、常に画面上部に表示されています。また、クイックアクセスツールバーに登録されている各機能は、==ボタンをワンクリックするだけですぐに起動できます==。このため、利用頻度の高い機能（コマンド）をここに登録しておくだけで、作業効率を何倍にも高めることができます。

❶ クイックアクセスツールバーの右端の［クイックアクセスツールバーのユーザー設定］をクリックする。

❷ 追加したいコマンドをクリックする。

HINT
コマンド名の左側に✓がついているコマンドは、すでに登録済みです。クリックすると登録が解除されます。

❸ 選択したコマンドのボタンがクイックアクセスツールバーに追加される。

HINT
［クイック印刷］ボタンをクリックすると、［印刷］の画面が表示されることなく、すぐに印刷が実行されます。

Chapter 10　環境設定とセキュリティ設定

349

すべてのコマンドから選んで追加する

上記の［クイックアクセスツールバーのユーザー設定］のメニューに表示されない項目を追加したい場合は、[Excelのオプション]ダイアログで設定します。

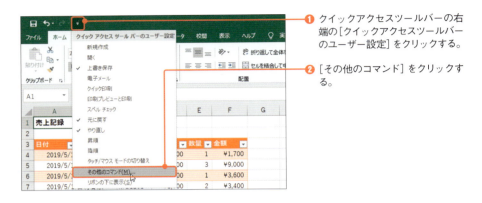

❶ クイックアクセスツールバーの右端の［クイックアクセスツールバーのユーザー設定］をクリックする。

❷ ［その他のコマンド］をクリックする。

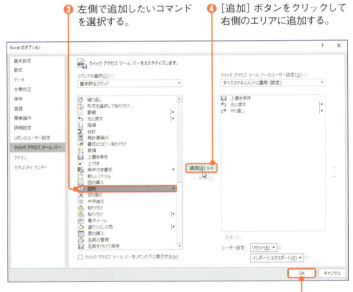

❸ 左側で追加したいコマンドを選択する。

❹ ［追加］ボタンをクリックして右側のエリアに追加する。

❺ [OK]ボタンをクリックする。

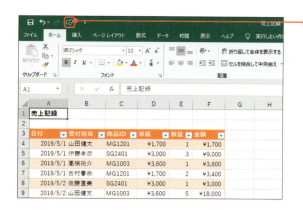

❻ 追加したコマンドがクイックアクセスツールバーに表示される。

> **Column** クイックアクセスツールバーを極める

[Excelのオプション]ダイアログの[クリックアクセスツールバー]の左側の一覧に目的のコマンドが見つからない場合は、[コマンドの選択]に[リボンにないコマンド]や[すべてのコマンド]を指定します❶。すると、登録可能なすべてのコマンドから目的のコマンドを指定できます。

また、ここで変更した内容を特定のブックにのみ適用したい場合は、右上の[クイックアクセスツールバーのユーザー設定]を[〈作業中のブック名〉に適用]に変更してから❷、クイックアクセスツールバーのカスタマイズを行ってください。そうすれば、変更内容がそのブック内でのみ有効になります。初期設定値である[すべてのドキュメントに適用(既定)]を選択した状態で作業すると、変更したクイックアクセスツールバーがすべてのブックで表示されます。

System Preferences and Security Settings

07 リボンの構成を変更する

リボンに表示する機能は変更できる

　Excel では、新しいタブやグループを作成することで、リボンに新しい機能を追加することができます。多くの人は初期状態のまま利用していると思いますが、特定の機能のみを頻繁に利用するような場合は、作業効率を高めるためにも、使いやすい構成にすることも有効です。

　既存のタブにコマンドを追加することはできないので、まずは新しいタブ、またはグループを作成します。

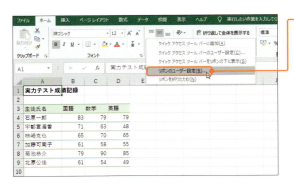

❶ リボン上で右クリックし、[リボンのユーザー設定]をクリックする。

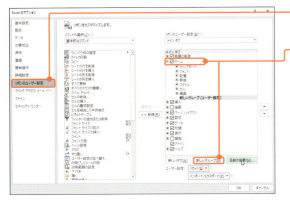

❷ [リボンのユーザー設定]を選択する。

❸ 画面右側でグループを追加したいタブを選択して、[新しいグループ]ボタンをクリックする。

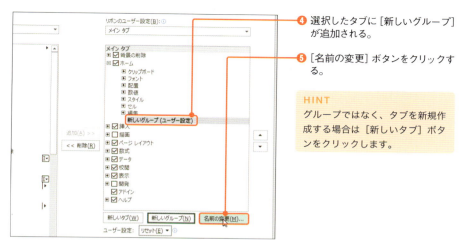

④ 選択したタブに [新しいグループ] が追加される。

⑤ [名前の変更] ボタンをクリックする。

HINT
グループではなく、タブを新規作成する場合は [新しいタブ] ボタンをクリックします。

⑥ [表示名] に、グループに設定したい名前を入力して、[OK] ボタンをクリックする。

HINT
「アイコン」は、追加したコマンドのボタンに表示できるアイコンの設定です。グループに対しては無効です。

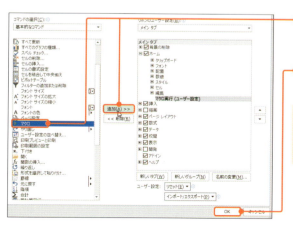

⑦ 画面の左側で、コマンドを選択して、[追加] ボタンをクリックして、右側のエリアに追加する。

⑧ すべての作業が完了したら [OK] ボタンをクリックする。

HINT
反対に、左側でコマンドを選択して [削除] ボタンを押すことで任意のコマンドを削除できます。

Chapter 10　環境設定とセキュリティ設定

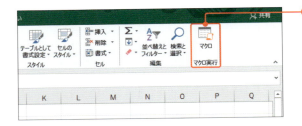

⑨ [ホーム] タブに新規に追加した [マクロ] グループに、[マクロ] コマンドが登録されていることが確認できる。

なお、ユーザーがリボンに追加したボタンは、いつでも [削除] できますが (p.353)、もともと用意されている既存のボタンは削除できません。ただし、<mark>グループ単位での削除は可能</mark>です。また、既存のタブは削除できませんが、<mark>チェックを外すことで非表示にすることは可能</mark>です⑩。

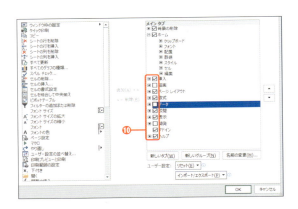

使えるプロ技！ リボンを初期状態に戻す方法

カスタマイズしたリボンを元の状態に戻すには、[ユーザー設定] の [リセット] から、[選択したリボンタブのみをリセット]、または [すべてのユーザー設定をリセット] を選択します❶。

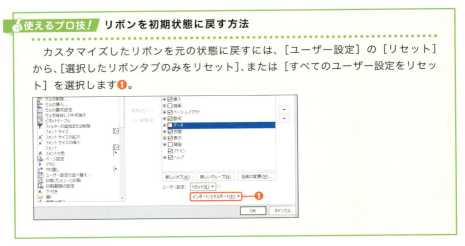

354

System Preferences and Security Settings

08 ドキュメントを検査する

ブックを他者に送信する前に行うべき必須作業

　作成したブックには、作成者も意識しないうちに、ユーザー名や会社名などの個人情報が含まれていることがあります。また、複雑な機能を利用している場合は、別の環境では正しくブックを開けないケースも生じえます。

　このため、完成したブックを取引先に送信したり、不特定多数に向けて公開したりする際には、事前にドキュメントが適切な状態であるのかを検査するようにしましょう。Excel には［ドキュメント検査］機能が用意されています。

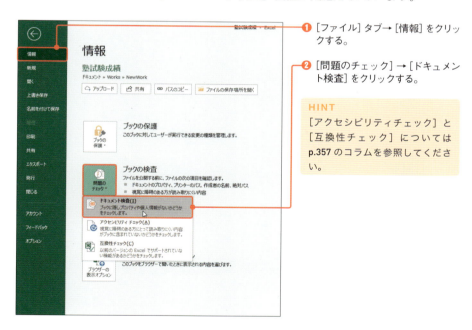

❶［ファイル］タブ→［情報］をクリックする。

❷［問題のチェック］→［ドキュメント検査］をクリックする。

HINT
［アクセシビリティチェック］と［互換性チェック］についてはp.357 のコラムを参照してください。

❸ ブックを保存するかどうか確認されたら、問題なければ［はい］ボタンをクリックして保存を実行する。

355

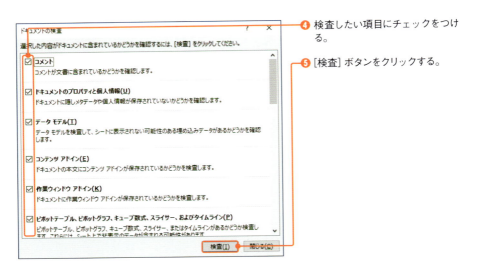

❹ 検査したい項目にチェックをつける。

❺ [検査] ボタンをクリックする。

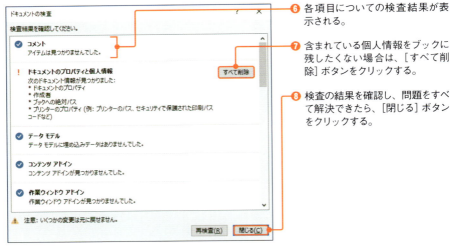

❻ 各項目についての検査結果が表示される。

❼ 含まれている個人情報をブックに残したくない場合は、[すべて削除] ボタンをクリックする。

❽ 検査の結果を確認し、問題をすべて解決できたら、[閉じる] ボタンをクリックする。

📝 Memo

すべての問題箇所を修正する必要はありません。問題の内容を確認したうえで、対処が必要であるもののみ対応するようにしてください。特に、一度変更したら元に戻せない項目もあるので、十分に注意して作業することをおすすめします。

Column ［アクセシビリティチェック］と［互換性チェック］

　［アクセシビリティチェック］とは、作成したブックの各ワークシートが、すべての人にとって利用しやすい構成になっているかをチェックしてくれる機能です。チェックを実行するには、対象のブックを開いている状態で、［ファイル］タブ→［情報］をクリックし、続いて、［問題のチェック］→［アクセシビリティチェック］をクリックします。すると、ワークシートの画面の右側に［アクセシビリティチェック］作業ウィンドウが表示されます。その中に、アクセシビリティの観点から修正したほうがよいと思われる、そのブックの問題点が表示されます❶。項目をクリックすると、さらにその問題点の具体的な内容が表示されます❷。

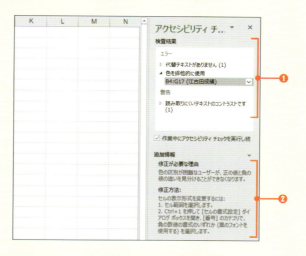

　一方、［互換性チェック］は、以前のバージョンの Excel との互換性という面から、ブックをチェックしてくれる機能です。チェックを実行するには、［ファイル］タブ→［情報］をクリックし、続いて、［問題のチェック］→［互換性チェック］をクリックします。
　すると、［互換性チェック］ダイアログが表示され、ブック内で互換性に問題のある機能と、問題のあるバージョンが表示されます。

System Preferences and Security Settings

09 特定のセル以外を変更不可にする

一部のセルのみを編集できるようにする

　ブックの作成者と、実際の作業者が異なる場合、作成者が意図していない操作が行われてしまう危険性があります。また、誤操作によってブックの機能が損なわれてしまう可能性もあります。

　このような場合には、セルに入力した数式や重要なデータが誤って失われることがないように、編集対象のセル以外は変更を禁止しておくと安全です。このような処理のことを「ワークシートを保護する」といいます。ただし、単純に保護機能を実行すると、すべてのセルの編集ができなくなるため、まずは編集可能にしておくセルに対して、ロックの設定を解除しておく必要があります。

❶ 編集対象にするセル範囲をドラッグして選択する。

❷ [Ctrl]を押しながらセル範囲 D4:D12 をドラッグして、この範囲も追加選択する。

❸ [ホーム]タブ→[書式]→[セルのロック]をクリックする。

HINT
初期設定では、すべてのセルのロックが「オン」の状態です。この操作を実行することによって、対象のセルのロックが「オフ」になります。ロックを「オン」に戻したいときは、もう一度同じ操作を実行します。

シートの保護を実行する

セルのロックを解除したら、ワークシートの保護を実行します。

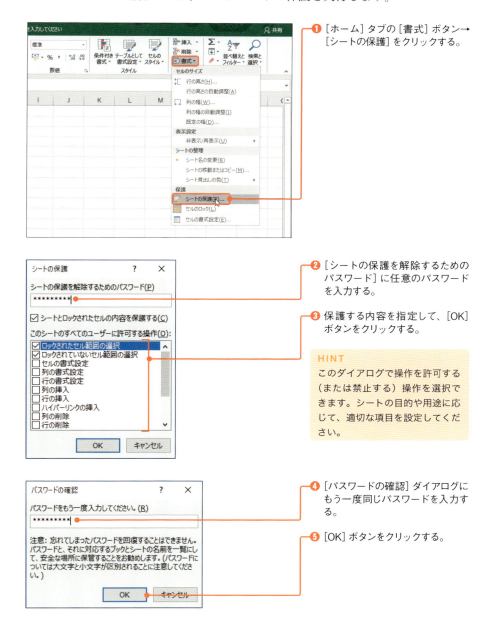

❶ [ホーム] タブの [書式] ボタン→ [シートの保護] をクリックする。

❷ [シートの保護を解除するためのパスワード] に任意のパスワードを入力する。

❸ 保護する内容を指定して、[OK] ボタンをクリックする。

HINT
このダイアログで操作を許可する（または禁止する）操作を選択できます。シートの目的や用途に応じて、適切な項目を設定してください。

❹ [パスワードの確認] ダイアログにもう一度同じパスワードを入力する。

❺ [OK] ボタンをクリックする。

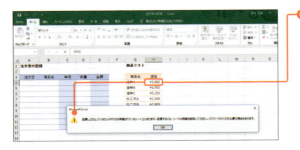

⑥ ワークシートが保護され、ロックを解除したセル以外は変更できなくなる。

シートの保護を解除する

ワークシートが保護された状態では許可されたセル以外は編集できません。編集が必要になったら、次の手順を実行して、ワークシートの保護を解除します。

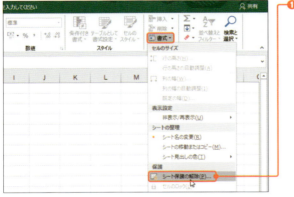

❶ [ホーム] タブ→ [書式] → [シート保護の解除] をクリックする。

❷ 保護時に設定したパスワードを入力して、[OK] ボタンをクリックする。

> 📝 **Memo**
>
> パスワードを忘れてしまった場合、シートの保護を解除することはできません。ただし、ロックしたセルの選択を禁止していなければ、セル範囲を選択してコピー/貼り付けすることで、入力したデータを別シートに取り出すことは可能です。

System Preferences and Security Settings

10 パスワードを設定して暗号化する

重要なブックにはパスワードをかけよう

　企業の機密情報や社員の個人情報、社外秘の営業情報など、==重要な情報を含むブックを扱う際は、第三者に勝手に中身を見られることがないように、パスワードを設定する==ことを強くおすすめします。ただし、パスワードを忘れると自分自身も開けなくなるので、この点には十分に注意してください。

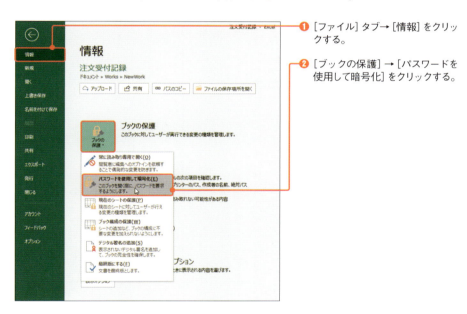

❶ [ファイル] タブ→ [情報] をクリックする。

❷ [ブックの保護] → [パスワードを使用して暗号化] をクリックする。

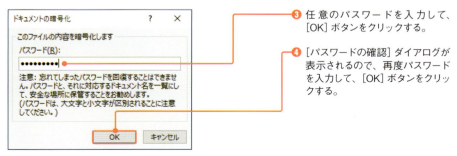

❸ 任意のパスワードを入力して、[OK] ボタンをクリックする。

❹ [パスワードの確認] ダイアログが表示されるので、再度パスワードを入力して、[OK] ボタンをクリックする。

361

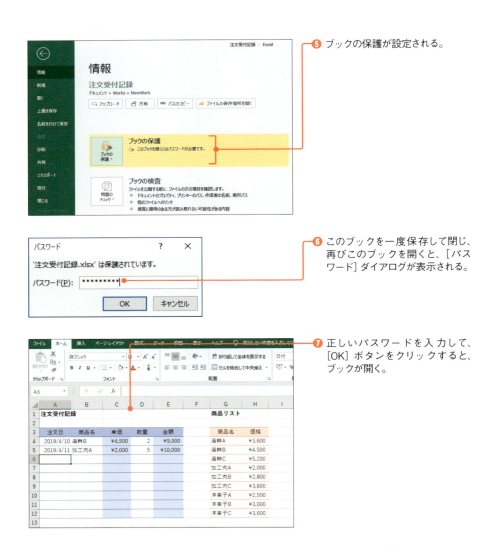

❺ ブックの保護が設定される。

❻ このブックを一度保存して閉じ、再びこのブックを開くと、[パスワード]ダイアログが表示される。

❼ 正しいパスワードを入力して、[OK]ボタンをクリックすると、ブックが開く。

　なお、このブックに設定したパスワードを解除して、そのまま開けるようにするには、もう一度[ファイル]タブ→[情報]→[ブックの保護]から[パスワードを使用して暗号化]を実行して、[ドキュメントの暗号化]ダイアログで設定したパスワードを消去します。

Index

索引

数字・記号

100% 積み上げ縦棒グラフ	299
3-D 参照機能	241

アルファベット

Access	292
AVERAGE 関数	211
Backstage ビュー	26
COUNTIF 関数	224
EOMONTH 関数	93
Excel アドイン	258
Excel のオプション	336
Excel の起動	20
IF 関数	218
IME	100
Microsoft Office の作業設定	345
Office クリップボード	58
PDF	333, 334
RANK.EQ 関数	216
ROUND 関数	214, 262
SUMIF 関数	227
SUM 関数	210
VLOOKUP 関数	220, 222
Web クエリ	294
What-If 分析	263

あ行

アウトライン機能	234
アウトラインレベル	133
アクセシビリティチェック	357
アクセスキー	41
アクティブセル	51
アクティブセル領域の選択	116
アドイン（Excel のオプション）	342
暗号化	361
印刷	314
印刷設定	331
印刷設定の保存	329
印刷タイトル	322
印刷の方向	333
印刷範囲の設定	318, 320
インデント	153
ウィンドウの整列	128
ウィンドウ枠の固定	125
上揃え	149
エクスポート	334
絵グラフ	311
エラー値	29, 44
エラーチェックルール	346
エラーメッセージ	96
円グラフ	300
演算子	30
オート SUM	207, 210
オートコレクト	347
オートフィル	68~77
おすすめグラフ	302
折り返して全体を表示する	157
折れ線グラフ	300
折れ線スパークライン	188

363

か行

外部プログラム	342
改ページ位置	314
改ページプレビュー	316
返り値	206
拡大・縮小	129
拡大・縮小（印刷）	333
画面構成	24
画面の分割	126
カラースケール	185
簡易グラフ	188
環境設定	336
漢字の読み	169
関数	31, 206
関数の組み合わせ	230
関数の挿入	214
関数ライブラリ	207
簡単操作（Excel のオプション）	340
既定のレイアウトの編集	338
基本設定（Excel のオプション）	337
逆算する	255
強制終了	47
行と列の入れ替え	63
行の削除	83
行の高さ	141
行の抽出（フィルター）	201
行番号	25
行フィルター（ピボットテーブル）	269
切り取り	56
均等割り付け	156
クイックアクセスツールバー	24
クイックアクセスツールバー（Excel のオプション）	341
クイック印刷	349
空白セルの挿入	80
空白のブック	20
クエリ	292
区切り位置	101
グラフ	298
グラフエリア	304
グラフスタイル	305
グラフタイトル	303
グラフの色の変更	306
グラフ要素	304
繰り返し機能	172
クリップボード	58
グループ化	132
クロス集計	264, 268, 277
形式を選択して貼り付け	65
罫線	144
系列	306
桁カンマ	160
言語（Excel のオプション）	339
検索	85, 87
合計	210
構造化参照	288
ゴールシーク	255
互換性チェック	357
固定長フィールド	103
コピーデータ	58

さ行

最近使ったブックの一覧	23
参照先のトレース	236
参照元のトレース	236
散布図	300
シート	25
シートの追加・削除	135
シートの非表示	137
シートの保護	358
シート見出し	25
シート見出しの色	137

シート名	134	セル内で改行	54
時刻	29	セルの移動	112
字下げ	153	セルの移動方向	50
自動エラー表示	346	セルの結合	154
自動修正機能	347	セルの削除	82
自動調整	143	セルのスタイル	174
シナリオ	252	セルの名前	246
ジャンプ	237	セルの分割	101
集計行	285	セルの編集	52
集合縦棒	272	セルのロック	358
集合縦棒グラフ	298	セル番地	31
縮小して全体を表示する	158	選択オプション	119
上位／下位ルール	179	選択範囲に合わせて拡大／縮小	130
小計	233	相関関係	300
条件付き書式	178, 181, 184, 186	総計	233
詳細設定（Excel のオプション）	340	操作アシスト機能	46
小数点以下の表示桁数	164	相対参照	205
ショートカットキー	40	挿入モード	57
書式設定	146	その他のコマンド	350
書式の一括置換	90	ソルバー	257
書式のみ貼り付ける	62	ソルバーのパラメータ	261
シリアル値	108		
数式	30		

た行

数式（Excel のオプション）	337
タスクバー	22
数式バー	25
タスクマネージャー	47
数式を計算結果に変換する	248
縦書き	152
数値	29
置換	88
数値の書式	160
中間のデータを埋める	72
ズーム機能	129
通貨記号	159
スタイル	174
積み上げ縦棒グラフ	299
ステータスバー	25
ツリーマップ	301
スパークライン	188
定数	30
整列	128
データ（Excel のオプション）	338
セキュリティセンター（Excel のオプション）	342
データ集計・分析機能	250
		データテーブル	262
絶対参照	183, 205	データの一括入力	53

データの検索	85
データの自動更新	245
データの種類	29
データの消去	84
データの置換	88
データの蓄積	280
データの入力規則	94
データの入力制限	93
データの部分削除	106
データの分割	101
データバー	184
データベース	292
データモデル	275
データラベル	309
テーブル	280
テーブルスタイル	281, 282
テーマ	189
テンプレート	37
統合機能	243
ドキュメント検査	355
ドキュメントの回復	48
独自のスタイル	177
独自の表示形式	165
得点ランク	222
取り消し	42
トレース機能	236

な行

名前	246
名前の管理	123
名前ボックス	25
名前ボックス	120
並べ替え	192, 196, 199
日時の計算	110
日時の入力	55
入力規則	94

入力時メッセージ	99
入力制限	93
入力モードの自動切り替え	100
年月日の並び順	105

は行

ハイパーリンク	124
パスワードの設定	361
貼り付け	56
貼り付けオプション	61
凡例	307
比較演算子	218
引数	31, 206
日付	29
日付値	104
日付の印刷	324
非表示	131
ピボットグラフ	272
ピボットテーブル	264, 268, 270, 275
表示書式	168
標準のフォント	343
標準ビュー	316
表の選択	116
表引き	220
ヒント	99
ピン留め	21
ファイル形式	36
フィールド	264
フィールドのグループ化（ピボットテーブル）	270
フィルター	201, 203, 204
複合参照	183, 205
部数	333
ブックの新規作成	33
フッター	324, 326
フラッシュフィル	78

ふりがな ……………………………… **169**
プロットエリア ……………………… **304**
分割 …………………………………… **126**
文章校正（Excel のオプション）…… **338**
平均 …………………………………… **211**
ページ番号の印刷 …………………… **324**
ページレイアウトビュー …………… **319**
別シートのセルを選択する ………… **120**
ヘッダー ……………………………… **324**
別のシートを参照する ……………… **239**
別のブックを参照する ……………… **240**
ヘルプ機能 …………………………… **46**
ホームページのデータを取り込む … **294**
保存（Excel のオプション）………… **339**

ま行

右揃え ………………………………… **148**
見出しの印刷 ………………………… **321**
文字列 ………………………………… **29**
文字を傾ける ………………………… **150**
元に戻す ……………………………… **42**
戻り値 ………………………………… **206**
問題のチェック ……………………… **355**

や行

やり直し ……………………………… **42**
ユーザー設定のビュー ……………… **329**
ユーザー設定リスト ………………… **75**
ユーザー名の変更 …………………… **345**
用紙サイズ …………………………… **333**
予測シート …………………………… **251**

ら・わ行

リスト ………………………………… **67**
リスト ………………………………… **195**
リスト ………………………………… **280**
リボン ………………………………… **24, 26**
リボンの構成の変更 ………………… **352**
リボンのユーザー設定 ……………… **352**
リボンのユーザー設定
（Excel のオプション）……………… **341**
リボンを初期状態に戻す …………… **354**
リレーションシップ ………………… **276**
ルビ …………………………………… **169**
レーダーチャート …………………… **301**
レコード ……………………………… **264**
列単位で並べ替える ………………… **197**
列の削除 ……………………………… **83**
列幅のコピー ………………………… **64**
列幅の調整 …………………………… **141**
列番号 ………………………………… **25**
連続性のある文字列 ………………… **75**
連続データ …………………………… **71**
論理式 ………………………………… **219**
論理値 ………………………………… **29**
ワークシート ………………………… **25**
ワークシートの管理 ………………… **134**
ワークシートの保護 ………………… **358**
ワイルドカード ……………………… **226**
和暦 …………………………………… **162**

● 著者プロフィール

土屋 和人（つちや かずひと）

フリーランスのライター・編集者。ExcelやVBA関連の著書多数。「日経パソコン」「日経PC21」（日経BP社）などでExcel関連の記事を多数執筆。著書に『Excelでできる！ Webデータの自動収集＆分析実践入門』『今すぐ使えるかんたんEx Excelマクロ＆VBA プロ技セレクション』『最速攻略Wordマクロ／VBA徹底入門』（技術評論社）、『Excel VBA パーフェクトマスター』（秀和システム）ほかがある。

本文デザイン	伊藤 哲朗
カバーデザイン	西垂水 敦（krran）
組版	クニメディア株式会社
編集	岡本 晋吾

● 本書サポートページ
https://isbn.sbcr.jp/99103/

Excel［実践ビジネス入門講座］【完全版】

2019年 6月 9日 初版第1刷発行

著者	土屋 和人
発行者	小川 淳
発行所	SBクリエイティブ株式会社
	〒106-0032　東京都港区六本木2-4-5
	TEL 03-5549-1201（営業）
	https://www.sbcr.jp
印刷・製本	株式会社シナノ

落丁本、乱丁本は小社営業部にてお取り替えいたします。定価はカバーに記載されております。

Printed in Japan ISBN 978-4-7973-9910-3